新重力

HOUSE VISION

VISION

018 BEIJING EXHIBITION

3

探索家**3**——家的未来2018

原 研哉＋HOUSE VISION 执行委员会──编著

出版集团·北京

诞生中的"新重力"

原研哉
HARA Kenya

如今，中国开始把古老的村落作为一种文化资源加以保护。随着经济飞速发展，人渐向城市迁徙。城市人口正在以迅猛的势头增长，许多空无一人的村落，正面临即逝的命运——事实上，很多村落已经消失殆尽了。然而，这些村落及里面的建筑保过去的生活痕迹，现在人们想要寻找其中的价值，于是开始保护起来，并重新利用深切地感受到，我们正面临着巨大的时代转折。除了在城市中建造鳞次栉比的高厦、创造豪华的商业空间和配备高科技设备的办公空间之外，我们同时还在重新审久历史孕育出的人类智慧，试图从中挖掘出全新价值。世界在全球化视野下运转着因我们身处这样的时代，价值的"藏身之所"只存在于创造力之中，即呈现在本土的地域文化中。价值的创造和开发也就未必仅限于都市，我们还可以把目光投向乡区以及文物，这也许是顺其自然的事。

牵引中国经济发展方向的企业也发生了翻天覆地的变化。地产商曾经主导着时代

脉，而如今，在移动支付的背景之下，运营电子商务的企业正在强势地牵引经济发展的方向。中国已经进入"无现金社会"，扫码支付甚至普及到了路边摊。再来看一下常用的出行工具——自行车，随着数据分析技术的进步和经济的发展，中国掀起了一股共享单车热潮。如今的年轻人，已不再满足于进入传统企业，而是以创业为目标投身创新公司，随之而来的就是办公室形态和服务形式的进化。诚然，技术革新和由此引发的社会变革是一种全球趋势，但变革最为激烈、最生机勃勃的国度，非中国莫属。

HOUSE VISION这个项目旨在对"家"展开思考，但我们并非只关注住宅和建筑。"家"是集多种产业于一体的平台，是人们承载未来希望的地方，也是衡量生活是否充实的指标。在不久的将来，我们可以憧憬怎样的生活？可以设想怎样的居住环境？具体地思考这些问题，对于预测未来，无疑是一种颇具实践意味的尝试。

HOUSE VISION大展分别于2013年和2016年在东京举办。众所周知，日本正面临

人口减少和老龄化带来的众多问题。怎样才能渡过这些难关? 作为一个"多问题的
国家",如何才能突破这一局面,将决定日本的未来。我认为通过"家",可以找到
这些问题的突破口。无论是人口的减少,还是以制造业为主的发展趋势,都是无法
改变的。但我们可以看到,信息技术能够通过"家"来分析生活和居民的情况,进
持人们的生活质量,还可以通过丰富高效的物流系统来减轻生活负担。随着医疗
的进步,人类活到100岁已经不是天方夜谭了。在这样一个时代,如果我们把这些
和问题作为一种全新的能量来推动产业的进化,那么,日本就可以扭转当前的不
面,开辟出柳暗花明的新天地。比如,试想一下"从室外就能把冰箱打开的家",初
说的人可能完全不知所云,但是结合物流的未来和生活日志数据分析带来的服务
以此为前提进行思考,我们不难发现"从室外就能把冰箱打开的家"里潜藏着巨大
能性。只需在人们进出住宅的位置,增设一扇集信息管理、物流传递、安全性于一

高科技之"门"，这个社会就可能发生戏剧性的改变。

如今，单身家庭成为一种普遍的家庭结构，这种现象不是日本独有的。今天的世界开始被分割成零散的"个体"。与此同时，互联网正以前所未有的方式联结每个人和世界，工作、服务和幸福的形式也超越了社区和家庭，通过个体的意识和爱好联系在一起。虽然我们和家人同住一个屋檐下，但偶尔也可以意识到，其实每个人都在朝不同的方向生活。一家人围坐在同一张餐桌旁，却各自埋头看手机，这种场景已经屡见不鲜了。对于彻底被分割成个体的社会或人群，如何在另一个维度中重新联结起来，寻找一种全新的充实感和幸福感，这是全世界共同面临的一大课题。

迄今为止，我策划了多次展览，从各个角度来思考"家"。在这一过程中，我的体会就是：如果人类可以获得安宁的空间就是"家"，那么，"家"在远古时代就已经形成了。人类最早创造的"家"之一——"竖穴式住宅"，就已经可以充分地满足饮食、睡眠、为家

人提供安心感等功能了。因此，"家"的进化虽然也包括舒适度、安全性的提高，但结底体现了人类"对新生活方式的欲望"，使人意识到"原来还可以这样生活"。

科技的进步为家带来了能源供应，通信技术的发展使电视、电话得到了普及。如今联网超越千家万户把个体连接在一起，在这种状态下，人们向往新生活方式的欲望始"汹涌澎湃"。而其中又酝酿着怎样的生活方式、与世界相处的形式呢? 对此，才溢的建筑师们早已开始凭借自己的直觉来寻找答案，那些高瞻远瞩的企业也针对人新欲望瞄准了新的商机。进一步来说，在寒冷的中欧地区，独特的气候风土孕育了的"造家"思想，即通过与外界隔绝来提高能源的利用效率。而站在东亚生活方式度上重新解读，那么"家"理应成为一种向外界开放的全新生态系统。将东亚人对方式的欲望与先进的科技相融，也许会创造出一种未知的"家"。

HOUSE VISION面对的不是理论或数据，而是具体的"家"，前所未有的"家"。

引社会发展方向的先进企业，与富有卓越洞察力和设计才华的建筑师鼎力合作，将这种"家"以具体的形态展现出来。言及进步，其实就是直面技术和创造带来的挑战。通过近距离接触HOUSE VISION的展馆，观展者的意识里一定会萌生出鲜活的欲望。若是人们的希冀造就了"城市"，那么，人们心中萌生出的欲望，正是我们的未来。

CHINA HOUSE VISION 探索家——未来生活大展的主题是"新重力"（New Gravity）。之所以以物理术语命名，是因为我想表达一种思想，即中国正在掀起的社会变革面临一个未知的环境，决定着引领全球的全新生活方式和服务方式，甚至决定了未来幸福的方向。换言之，在今天的中国大地上，正发生着可以称之为"新重力"的现象。正如开篇所述：这种"重力"不仅仅是先进性和豪华程度的竞争，还蕴含着一种包容性，可以把历史、传统、遗产也作为面向未来的资源。希望大家通过这里展示的"家"，可以体会到一种对新生活的欲望，并对充实的生活有所感触。

CHINA HOUSE VISION

隈研吾
KUMA Kengo

长城脚下的"竹屋"是我在中国的第一个建筑设计作品,转眼间已经20年。

在这20年间,中国发生了很多令人惊叹不已的变化。建筑工程水平直上,整个建筑行业都洋溢着一种挑战精神,再难满足的细节、再难的材料用法,他们都会想方设法地找到解决办法,这与立刻回答"到"的日本人截然不同。因此,在其他国家无法完成的建筑作品,在却能得以实现。我也常为中国人的挑战精神和灵活应变的能力感动不中国客户那种意气风发的面貌,以及对速度的不懈追求,也令我深动。他们不但要追求利润,更要通过每座建筑去探索人类的新生活方并且倾尽全力在每座建筑上付诸实践。那种对颠覆传统建筑形式和固有观念的渴望和热忱,以及付诸实践的行动力,总让我惊叹。

在这样一个热血沸腾又灵活应变的国家举办HOUSE VISION大展，可谓天时地利，意义非凡。因为HOUSE VISION本身就像一个炙热的、在运动中的物体，被一股巨大的热情驱动，在试图颠覆人们对"家"的固有观念的同时，打破建筑的常规。

HOUSE VISION最有趣之处在于它利用"未来的家"这一框架，将建筑设计和科技相得益彰地结合起来，这是一种对传统的突破。过去要建造一座建筑，首先由建筑师设计蓝图，然后由建筑公司以及各大承包商协力完成。然而，按照这种传统方式作业，建筑师必然会以自己的美学态度和审美观为轴心进行设计，最后成为一座带有主观色彩的"家"。如此一来，这个"家"一定掺杂着建筑师的主观好恶，真正意义上的全新生活方式便无法诞生。即使建筑外观看上去饶有趣味，但在这样的"家"中，

我们往往很难看到能够触及更深层次的创新方案。这是因为，"家"让人变得保守。

原研哉试图颠覆这种美学优先的方式，于是发起了HOUSE VISION个项目。让各个行业中的中坚力量和肩负各个产业、科技力量的新贵建筑师"平分职责"，团结协作，实现一种当下建筑师们无法想象的"之家"，这就是原研哉发起HOUSE VISION这个项目的目的所在。

此次，HOUSE VISION与中国实力雄厚、富有挑战精神的企业合必然会给日本及其他国家带来超越想象的成果，也必然会诞生我们去无法想象的"家"。我衷心期盼，这股新的潮流可以从根本上撼动的传统概念。

1954年出生，东京大学建筑学硕士，1990年成立隈研吾
建筑都市设计事务所，现任东京大学教授。1997年作品
"森舞台/登米町传统艺能传承馆"获日本建筑学会奖，
2010年作品"根津美术馆"获每日艺术奖，"水/玻璃"（1995年）、
"石美术馆"（2000年）、"马头广重美术馆"（2000年）等作品也
多次在海外获奖。近期作品有"浅草文化观光中心"（2012年）、
"长冈市市政厅"（2012年）、"歌舞伎座"（2013年）、
"贝桑松艺术文化中心"（2013年）、"法国FRAC马赛艺术馆"
（2013年）等，还负责了新国立竞技场的设计工作。
著作有《自然的建筑》（岩波书店，2008年）、
《小建筑》（岩波书店，2013年）、《日本人应该怎样住》
（与养老孟司共著，日经BP社，2012年）、《奔跑吧! 建筑师》
（新潮社，2013年）、《场所原论2》（市谷出版社）等。

4 ［火星生活舱］小米 × 李虎｜OPEN

1 ［砼器］海尔 × 非常建筑

2 ［厶中口］阿那亚 × 大舍

3 ［绿舍］远景 × 杨明洁 YANG I

HOUSE VISION 2018 北京展　会场

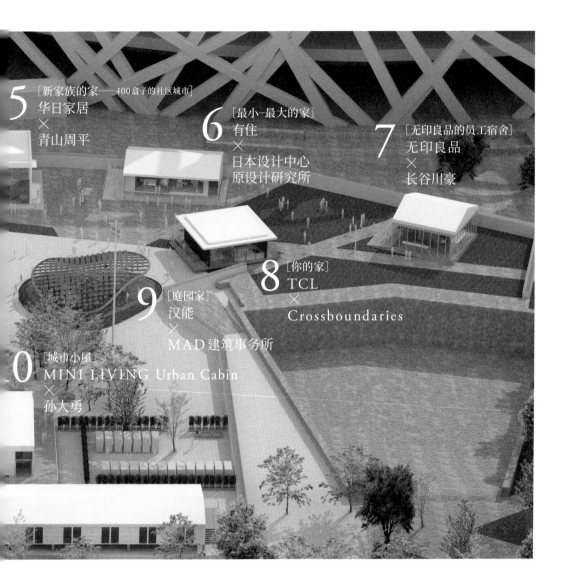

5 [新家族的家——400盒子的社区城市]
华日家居
×
青山周平

6 [最小-最大的家]
有住
×
日本设计中心
原设计研究所

7 [无印良品的员工宿舍]
无印良品
×
长谷川豪

8 [你的家]
TCL
×
Crossboundaries

9 [庭园家]
汉能
×
MAD建筑事务所

0 [城市小屋]
MINI LIVING Urban Cabin
×
孙大勇

会场设计：隈研吾建筑都市设计事务所

对谈 ——— 1
"鬼"前10"犬"

张永和｜非常建筑
Yung Ho CHANG

李虎｜OPEN
LI Hu

原研哉
HARA Kenya

开幕3周前的心情

原 距离HOUSE VISION开幕不到3周了，大家现心情如何？

张 很紧张。一周前我去了现场，施工进度不如预想样顺利，很担心能否赶上大展开幕，也担心施工质量。

原 由于中非合作论坛2018年9月3日—4日在北京召开，8月28日—9月4日期间的施工是停止的。最初制订进度表计划是提前一周完工，现在希望最迟能在开幕前两三天

李 我和张老师一样，也很紧张。"火星生活舱"在现工的同时，还需要在三家不同的工厂预制，现在无法纵貌。我们目前正分别和负责外围展示空间的钢构厂、负责"气泡"的雕塑厂以及负责舱内部件的手板厂联系，希望快推进。

原 进展顺利吗？

李 需要协调的工作有很多，而且这个建筑采取的建式也是之前没有尝试过的，所以有很多不确定性因素，我是一边做一边调整。我今天上午刚去确认了一下"气泡"的制造进度，这也是我第一次见到它拆去模具外壳后的样很有趣。随着临近项目完成，我的确又紧张又兴奋。
如果说有什么悬念，那就是外围空间的展示说明。此次展示的不单单是一个"家"，更希望这个"家"能融入一些

右页：火星生活舱。

张永和

同济大学"千人计划"教授，美国麻省理工
学院（MIT）教授，"非常建筑"主持建筑师。
自1992年起和鲁力佳一起开始进行国内
实践并多次获奖，包括2000年UNESCO
艺术贡献奖、2006年美国艺术与文学院的
学院建筑奖、2016年中国建筑传媒奖实践
成就大奖等。出版多本专著并多次参加
国际展览，曾六次参加威尼斯双年展。
他长期担任教职，1999—2005年任
北京大学建筑学研究中心创始主任，
2005—2010年任MIT建筑系主任，
并任普利兹克建筑奖评委多年。

教育的内容——给人们创造一个重新思考生活的契机，
虑到成本预算，又是一个难点。

原　这点我倒不担心。建造一座1:1的"家"也许是首
试，但是大家都是专业建筑师，在严守工期和控制成本上
与实际的建筑设计工作别无二致。在时间和成本的制约
家会提交一张怎样的答卷？衷心期待！

"家"是狗还是鬼

原　最近，我脑海中常浮现出《韩非子》中的一句话"
最难，鬼魅最易"。意思是，像鬼怪这种现实中不存在的
之物最容易描绘，而且描绘成什么样都可以被大家接受
是像狗和马这种众人皆知的事物，要画出大家认可的水
很困难，画得不好，就会暴露真实水平。"家"在这里即可
"狗"，如果把HOUSE VISION的10幢展馆比作"狗
么赫尔佐格和德梅隆设计的"鸟巢"就是"鬼"。人们往
难比较或评判大规模建筑的优劣，也就是说对于大规
筑，普通大众只能被动接受。但是"家"却不同，它是承
人们生活行为的空间，是近在咫尺并可以评判的具体事物

张　原先生的这个说法很有意思。也许真的是这样，
"鸟巢"前建造的这10幢展馆有可能才是"鬼"呀。打破常
"家"必然会向世人展现不同寻常的面貌。正因如此，HO
VISION才会让参观者对"家"萌生出新的认识，启发人
新思考"家"的意义。

原　追溯"家"的历史，除去中国的宫殿和日本的寝殿
为王侯贵族建造的特殊形式的建筑，其发展大致可分为
阶段：首先是产生于石器时代的"竖穴式住宅"，这个阶
对较长，之后是带有地方特色的"民居"，直至近100年间
合住宅"得到普及，并再次变得极为相似。

张　将住宅的变迁浓缩成这样三个阶段很有意思啊。

原　乍一看，人类的住宅形式貌似发生了戏剧性的变
但住宅的功能本身并没有太多不同，无非就是抵御外敌、
自卫、安心入眠、保暖舒适，以及料理美食等。无论在什
代，"家"都保有着固守不变的功能。日本有句谚语"半

伊藤若冲"百犬图"

建筑事务所创始合伙人，清华大学
院特聘设计导师；曾任美国斯蒂文·
筑师事务所合伙人，美国哥伦比亚
SAPP北京建筑中心（Studio-X）
，李虎是"50 under 50：21世纪
奖"获得者，英国《ICON》杂志
0人"，2014年智族GQ年度建筑师，
11年《新视线》杂志年度创意人。

住宅

住宅

坐，一叠足寝"，是说只要有一小块空间，人就可以生存下去。正因如此，思考全新的家绝非易事。张老师此次参展的作品"砼器"，堪称"高科技竖穴式住宅"，在运用了最先进的智能家电和无人机的同时，也汲取了大自然中的质朴元素。这个作品的有趣之处就在于科技与自然二者兼得。

李老师的"火星生活舱"干脆把建造背景设为火星。这个"家"既要满足人们在最低生活需求下的舒适感，同时还要追求几近极致的可持续生活。

李　为CHINA HOUSE VISION探索家——未来生活大展设计的"火星生活舱"和我们在其他公共建筑项目上所做的努力是类似的，都是用建筑来表达我们对时代的反思，并试图传达一些信息给公众——人类活动给地球带来了无法挽回的伤害，对此我们能做些什么？正是因为不断思考这样的问题，我们才想挑战在极限状况下人们的生活状态。我们设想在火星上建一个"家"，其实是想通过这个"家"向人们提出一个截然相反的问题：我们真的要去火星吗？如何才能不去火星？

将断开的个体重新连起来的家

李　和小米合作开发的这个介于产品和建筑之间的结合体不仅适用于在自然界生存，也能满足人们探险、度假、独居的需求，同时还能为在极大生存压力下的城市居民提供一种极小住宅的可能。如果将小米先进的科技融入家居，即使在只有4平方米的家里，也一样可以拥有高质量的生活环境。我们希望这个"家"能让大家思考这样的问题：人们在大自然中可以获得怎样的生活？当面对孤独时，人们应该如何生活？生活在现代都市里的人们大多都能感受到孤独的滋味，因此，"思考个体住宅的形式"是摆在当代建筑师面前的共同命题。

原　以欧洲为代表，大家庭在逐步向核心家庭转化。现在的中国和日本也同样在经历这个转化过程。独居人群快速增长，家庭和社区已裂变到难以想象的细碎程度。在人口急剧减少的地区以及少子老龄化不断加剧的社会中，"如何将分裂的个体重新联系在一起"已经成了与环境问题同等重要的社会课题。李老师的"火星生活舱"固然显示出"火星"这个极限环境的重要性，但它与此同时还象征性地对个体生活提出建议，让我们不得不思考"什么才是生活中所必需的"。此外，若干单元在极限之地彼此相连，构成社区，这种视觉印象（p.80-81）

火星生活舱

右页：砼器。

生动地再现出人们渴望联系的本能，发人深省。

张　　其实我的"砼器"也处于两位谈论的"个体住宅话题的外延上，我是从大、小两个侧面进行思考的。
如果是一个人住，那么家中只要有足够一个人生活的空间了。既然如此，为什么我们还要追求大面积的家呢？这是我们有所持，并希望长久持有物品，而为了确保物品的存所，就会去追求更多房间和更大的家。结果就是让家变库。当然，如果能做到不购买、不持有，即最低限度，这理想的，但在当下这样的消费社会中，这种生活方式很现，首先我自己就做不到。
所以就要思考：家中真的需要那么多房间吗？适合人们生房间数量到底应该是多少？追根究底，一个人在某个特定刻，是在一个空间里，这样想下去，对于一个人来说，一子里应该有一个基本空间。
从中国房地产市场的角度看，此次HOUSE VISION给我们每个人的占地面积约为100平方米，看似狭小，实然。对于核心家庭来说，这个空间足够了。于是我们在"中将约100平方米的基本空间设计为可分可合的形式，单屋与若干小屋可以自由转换。
家中的私密性绝非单纯的"看"或"被看"，同时还包含着层面的问题。人是在内心深处渴望孤独的生物，有时希个人面对世界，同时又需要联系。在"砼器"中，借助中天空——这个世界的一部分引进家中，打造出了一个既内与外面世界相连的空间。

"还可以这样住"的设想让家得以进化

原　　张老师的家，连家具都是用低碳混凝土做的，对吧

张　　是的。它是透气性良好的材料，可以帮助调节室微气候。它又是一种可以有很多变化的材料，因此包括装修，甚至到家具家电都尽量采用这种材料。

原　　正是这种近乎完美的大胆尝试，才为我们展示出建筑模型般的作品。单纯抽取家具的鲜活性进行具象理，消除生活感，最终反而将这个家所具有的居住性活生呈现在人们面前。作品的质感宛如出土文物或考古遗物可称之为"挖掘出来的未来之家的遗迹"，还会从中发现

机和复合家电等前所未见的技术。不过分强调生活的
甚至会让人觉得，正是采用了"舍象"的手法，才最终
如此好的效果。

张　　也许会让人略感神秘甚至"淡"吧（笑）。

原　　我倒觉得可以有这种感觉，而且应该有。人们
认为家应该朝着舒适化的方向不断进化，但其实绝不
此。人们心中对某种潜在的可能性，比如对"要是有这
技术，还可以这样去住"提出设问，这种设问正是让家
化的原动力。今天的中国让人感到好像已经有了要改
生活的新欲望。我觉得张老师正是考虑到了这一点，于
抽取生活的真实，结合最先进的技术为我们展现出一种
活场景。人们将对这个家做何评判，有何反应，我由衷期

张　　如果参观者能通过这10幢展馆萌生出对自家的
我将不胜欣喜。

原　　让人们不再从已经建好的商品房或是住宅楼的
中挑选，而是构想适合自己生活方式的家，这本身就
极高的文明水平。通过HOUSE VISION，处于转型
当代中国将孕育出怎样的家之欲望，全世界正拭目以待。

张　　看"火星生活舱"时，也许有人会说"火星太远了，
就行了"（笑）。

李　　火星是太远了，其实我想"火星生活舱"还有其
法。如今，房价持高不下，年轻人面临的住房难问题日
重。所以，如果能将这个4平方米的产品放在空地或屋
那么年轻人即可将其作为自己的家，在城市生活下去。我
待企业有信心和我们共同挑战这个最小限度的城市生活项

原　　火星虽远，但不久的将来，人们都得考虑在宇宙
住的问题。这次的尝试正是向世界展示李虎建筑的良
造1:1比例的家将成为李老师强劲实力的证明。

思考转型时期的家

原　　李老师，您如何评价张老师呢？

被发掘的遗迹（吐鲁番交河故城）

面

李 我和张老师有很深的渊源。他既是我的师长，也是我的邻居，还是我最为尊敬的建筑师之一。尽管比我年长很多，但张老师的想法总是那么像年轻人并极具启发性。

原 反过来问一下张老师，您如何评价李老师呢？是否可以说你们是不同时代的人？

张 问题好尖锐啊（笑）。我觉得他和我完全不同。首先我做一下自我分析。作为建筑师，我的弱点是深受年轻时喜好的文学艺术的影响，而这些已经成为制约自己的东西。由此，我称自己为"文艺建筑师"。李老师这一代年轻的设计师里，很多人会积极参与到社会实践中。这并非出于责任感的差异，而是基于思想和视角的不同。

原 两位均曾赴美学习建筑。说到年代，张老师想来是为了学习西方现代主义而远渡重洋，学成回国后，独自开创了中国建筑精练风格的先河。李老师则是看准经济快速发展的中国市场而远赴海外求学。其实李老师这一代人，经常被人看作是在中国经济迅猛发展的大背景下，赶上了大规模项目风起云涌的好时机。在建筑领域，欧美占据主流的时代曾持续许久，两位如何看待当下的业内状况？

张 与其谈"东西"，倒不如尝试思考一下"南北"。这里所说的"南北"，北指欧洲，南为亚洲。诚然，在建筑领域，欧洲文化曾一度席卷世界，而当直面温室效应这个超越文化的、人类共同的危机时，气温的显著升高使得"北"面的人意识到学习"南"方居住文化的必要性。
如今，熟悉亚洲文化的欧洲人被称为专家，反之，熟悉欧洲文化的亚洲人通常不会被称为专家，至多被视为受过较好教育的人。二者存在着巨大的差别。这也许是因为，亚洲人一直生活在更容易培养出国际化多元视野的环境中。这个情况是过去100年间，欧洲掌握主导权的时代所无法想象的。

原 换句话说，是否可以理解为亚洲已然具备了可以纵览世界的环境呢？

张 是的。我当年憧憬西方，因此赴美留学，而如今亚洲也好，欧洲也罢，都已渐渐趋"平"。
李 我最近对这个话题也很感兴趣。在如今"东西"再难分化的状态下，作为建筑师，我想以全新思维去面对。

今天我们对城市的概念、城市规划的理论、建筑学的基是从欧洲发展起来的，包括中国现在的城市建筑类型，公园、图书馆、住宅等，也都是源自西方。然而我越来起地意识到，原封不动地照搬这些模式，已经开始显现出包括生活方式和家的存在方式在内，不能再单纯地模仿传来的模式，也不再是简单地贯彻传统东方的概念，仓新类型的时期已然到来。

原　CHINA HOUSE VISION探索家——未来生展的主题是"新重力"。如今，中国结合大数据共同管理营共享单车，凭借电子支付而发展的物流逐渐演变为纟心，随着人们喷薄的欲望，城市和生活的状态正在发生化。在此崭新的动力作用下，人们将追求怎样的幸福，又育出怎样的新生活？重力是个物理学名词，如果拿今天的打个比方，那就像是即将产生"新的重力场"。

德国北部式对家的思考是将建筑的内与外隔断开，以确源高效，此外还有将内与外相互融通力求获得舒适的亚对家的思考，正如张老师的观点——在新的世界格局下，现出向新的家居建造标准切换的动向。

张　这个国家确实在高速变化中，然而我已经被远远原先生所说的"无现金社会"的洪流之外了。结果就是，大家一起去吃饭，因为不会用智能手机付款，所以最近倒节约达人（笑）。

原　这是肩负着中国建筑界重任的大师对变化表现出触吗（笑）？

张　尽管我在努力学习使用智能手机，但对于这个以追赶的速度进化的国家的生活方式，依旧感觉难以跟上步（笑）。

原　在处于高速变化时期的中国，思考"家"就等同于绐点标点。实在没有想到，在"鬼"的面前树立起"10头巨大然如此困难，每个家都很有趣。CHINA HOUSE VIS探索家——未来生活大展一定会成为永存于人们记忆中的

右页上：垂直玻璃宅（设计：张永和，2013年）。
右页下：上海油罐艺术公园（设计：李虎，2018年）。

未来的家电将为我们的生活带来怎样的舒适感和幸福感？

中国建筑界的领军人物——建筑师张永和，

携手销售网络覆盖全球的白色家电品牌海尔，

对当前技术可以实现的理想型家电以及居住形式进行了探索。

例如，在呈"口"字形的一居室中设计了中庭，

不仅可以把大自然引入家中，还为搬运生活用品的无人机提供了停靠站。

可以说，这是一个全新的窗口，专属于这个电商网购盛行的时代。

设置在房屋中央的两台设备，与建筑和家具一样，

由采用再生水泥制成的混凝土制作而成，乍看上去貌似空间的

构成部分，其真实身份则是高科技复合家电。一台在厨房，

发挥着冰箱、洗碗机等厨房电器的功能，另一台在洗脸台，

发挥着洗衣机、衣物清理机等浴室电器的功能。

家电带给我们的幸福感，随着时代而改变。

这个居住空间带来的启示是：无人机和复合设备等未来家电，

可以为我们创造不同往昔的舒适感和充足感。

自然和生活之器

光和风是人类生活中不可或缺的元素，
我们对这个家的定位，是承载自然和
生活的容器。将中庭设计为
"口"字形，将自然纳入家中。

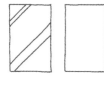

时隐时现的隔断

由调光玻璃构成的隔断，
可在透明和非透明之间自由切换。
若切换为非透明状态，可遮挡强光，
保护个人隐私。若切换为透明状态，
则变为一个开放的空间。

1 砼器

海尔╳非常建筑

两台并置的复合家电

面朝中庭设置了两台复合家电。
一台在厨房，具备冰箱、洗碗机、
烤箱和微波炉等厨房电器的功能。
另一台在洗脸台，具备洗衣机、
衣物清理机等浴室电器的功能及收纳。

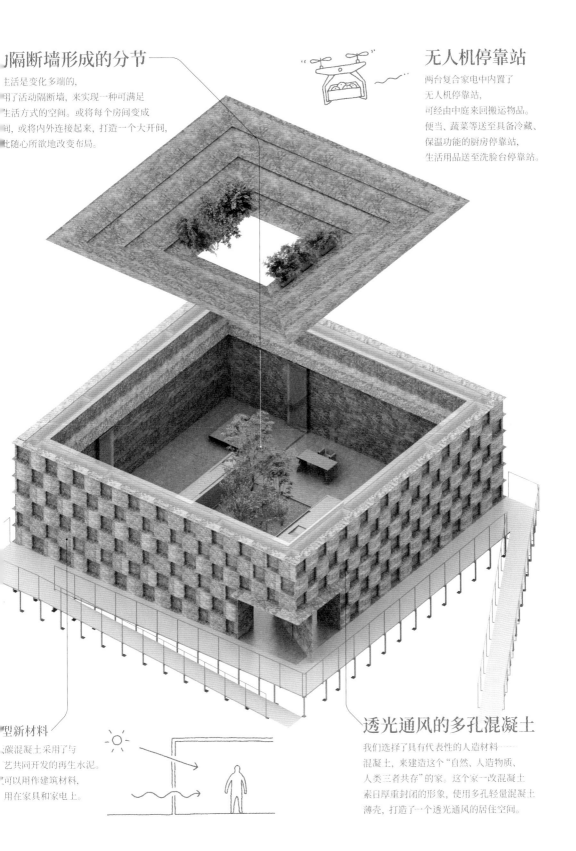

J隔断墙形成的分节

生活是变化多端的，
用了活动隔断墙，来实现一种可满足
生活方式的空间。或将每个房间变成
间，或将内外连接起来，打造一个大开间，
比随心所欲地改变布局。

无人机停靠站

两台复合家电中内置了
无人机停靠站，
可经由中庭来回搬运物品。
便当、蔬菜等送至具备冷藏、
保温功能的厨房停靠站，
生活用品送至洗脸台停靠站。

型新材料

碳混凝土采用了与
艺共同开发的再生水泥。
可以用作建筑材料，
用在家具和家电上。

透光通风的多孔混凝土

我们选择了具有代表性的人造材料——
混凝土，来建造这个"自然、人造物质、
人类三者共存"的家。这个家一改混凝土
素日厚重封闭的形象，使用多孔轻量混凝土
薄壳，打造了一个透光通风的居住空间。

未来之砼，未来之家

张永和 | 非常建筑
Yung Ho CHANG

张永和
同济大学"千人计划"教授，美国麻省
理工学院（MIT）教授，"非常建筑"主持
建筑师。自1992年起和鲁力佳一起
开始进行国内实践并多次获奖，
包括2000年UNESCO艺术贡献奖、
2006年美国艺术与文学院的学院建筑奖、
2016年中国建筑传媒奖实践成就大奖等。
出版多本专著并多次参加国际展览，
曾六次参加威尼斯双年展。
他长期担任教职，1999—2005年任
北京大学建筑学研究中心创始主任，
2005—2010年任MIT建筑系主任，
并任普利兹克建筑奖评委多年。

在过去的几十年里，我们被房地产项目的宣传袭炸得失去了对自己家园的想象能力，以为所有人需要的住宅都是一个标准的户型，外面再加上一层有某种说法、构成一个标签的表皮。此次探索家展览就是请大家想一想我们到底想过什么样的生活，探索一下我们未来的居所有哪些可能性。

我们的这件作品取名为砼器（Concrete Vessel），意为人工石容器。我们将砼，即混凝土，作为人造物的提炼表达，借此思考人造物与生活以及与自然的关系。

就住宅而言，哪些是必需的人造物？首先是建筑。在生活中，我们需要自然光线，需要新鲜空气，那么建筑自身可否透光、透气？即使是混凝土建筑也可以？在设计这件砼器的过程中，我们和张宝贵先生合作研发的纤维混凝土将这一想法变成可能。这是一种由废弃材料制成的，可以自由呼吸的同时还能让光线透进来的新型低碳材料。建筑的内外墙面、天花板就是用它覆盖和围合的。其他如家具、电器以及种植容器等都被整合进建筑之中，成为一体，以砼的面貌表现出来。

这件容器当中最终容纳了什么呢？首要的是生活：建筑为生活提供了所需的空间。砼器有一个九宫格平面，中心的一格是庭院，有可移动的推拉门隔断，可以随时打通室内外，并创造出1—4个房间，以适应不同的需要。这一隔断采用了雾化调光玻璃，在视觉上会有连通与分隔的变化。家具同样由纤薄的混凝土薄壳制成。电器设备同样也是重要的生活支持物，为生活提供了种种便利。但我们，非常建筑和海尔一起，想象的不是一种被设备或技术"统治"的生活，而是用建筑与电器构成的整体来为生活服务。

一旦获得了基本的便利和舒适，人们就会追求更充实的生活，更希望拥抱自然，于是砼器中就有了一个绿色核心——一个种满了植物的庭院。住在这个房子里，你很可能会忘记电器在哪里，但知道它们作为基础设施的一部分正在执行着任务；你也很可能会忘记自己置身室内还是室外，但知道自己仍在被称为"家"的居所的庇护之下，也从来没有离开自然的怀抱。

1 砼器

上／左页上：外壁由混凝土板堆砌而成，
间距770毫米，表面设计得凹凸有致。
混凝土板由采用再生水泥的多孔混凝土浇筑而成，
透光通风性良好。不仅是外壁，连屋顶、天花板、内壁、
地板以及复合家电都统一采用了相同的材料。

左页下：平面设计为3×3的方格，中间的一格中设有中庭。

海尔，探索物联网时代"家"的未来

吴剑 | 海尔家电产业集团创新设计中心总经理
WU Jian

海尔集团

海尔集团是全球领先的美好生活解决方案服务商，旗下白色家电业务连续九年蝉联全球白色家电第一品牌[Euromonitor(欧睿)数据]。在物联网时代，海尔从传统制造企业转型为共创共赢的物联网社群生态，引领全球企业率先引爆物联网经济。集团围绕"智家定制"成为物联网生态品牌，在全球拥有海尔、卡萨帝、GEA、斐雪派克、AQUA、统帅、日日顺、海融易、COSMOPlat、顺逛、海尔兄弟等品牌。

家，不仅仅是物质与生活的空间，更是承载着情感连接的精神与记忆的空间。地域、文化、个体的多样性使每个人的家都是独特的，无法复制的。

家电，不仅仅是设备，也是生活习惯、地域文化、生活方式、个性品位的表现。家电并非一个单品，它与建筑、空间有机地结合，互相连接协作，共同为用户提供美好生活的解决方案。在过去30多年间，海尔秉承为用户创造美好生活的初衷，真正做到了懂家。海尔坚持以最优秀的产品和解决方案引领家电时代的变迁，见证了人们生活需求的不断升级。

未来，在物联网时代下，建筑与家电需要更加融合，以满足用户的需求。文化传承与智能科技会共同拼接出更符合人的习惯和情感的生活场景，多种家电组合会凭借其智能性为用户提供更为情感化的服务。本次海尔与著名建筑大师张永和共同探讨有关中国的"家"的情感传承及未来幸福生态，寻找更符合中国情感理念的家的形态。海尔展馆在设计上围绕"向心合围"的主题理念，打破传统家电分散在家中各个角落的形式，用完整的"建筑-室内-部品-家电"体系解读人与各种生活元素的关系。

在海尔打造的理想建筑空间里，海尔通过个性化的智慧解决方案，为家注入了温暖及活力。空气能自感知、自判断、自处理，帮助家里保持恒温、恒湿、恒净、恒氧；在厨房，食物能够轻松地被购买、配送、存放、处理、烹饪，为用户管理、推荐、制作三餐；在卫生间，水能自动被收集、储存、净化、加热，为用户提供洗浴和衣物的清洗护理。在"向心合围"主题理念指导下，海尔探索出适合不同用户的家，加强了物联网时代智慧家电与"家"、与人情感的关联。

作为工业革命的产物，家电诞生不过百年，真正融入中国人的家庭不过几十年，与建筑的融合才刚起步。海尔愿与HOUSE VISION共同探索下一个100年更符合用户需求的家，探索物联网时代的智慧家庭，探索中华文化传承下的科技住宅。向心合围，为用户提供物质和情感双重层面上的更美好生活，为每个人创造既与世界相连又独一无二的"家"。这一切，只因海尔懂家。

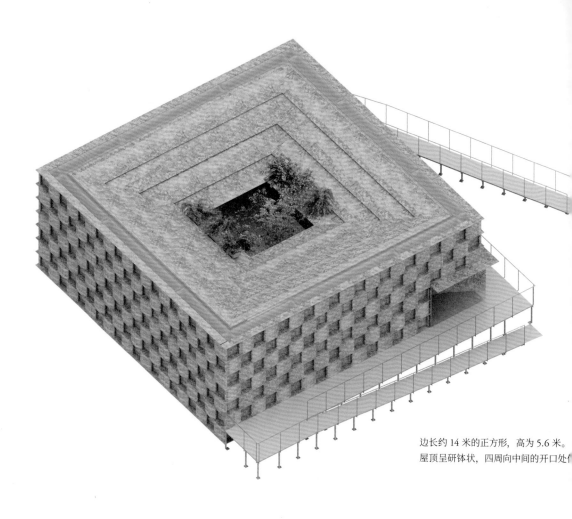

边长约 14 米的正方形，高为 5.6 米。
屋顶呈研钵状，四周向中间的开口处[

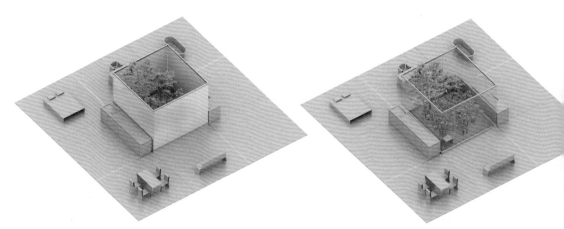

中庭四周用调光玻璃设置了隔断，呈现非透明状态。
中庭封闭起来，可以遮挡阳光。
各房间相互连接，形成一个"口"字形布局。

中庭四周用调光玻璃设置了隔断，呈现透明状态。
中庭显现了出来，光从中央位置向外散射，
照亮了内部空间。

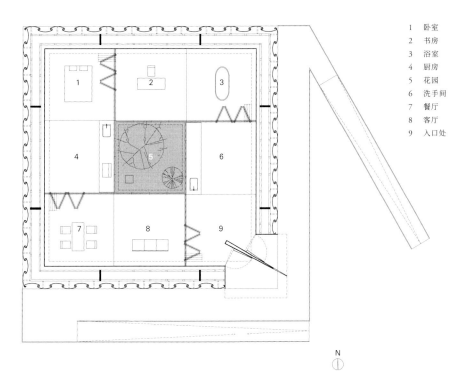

1	卧室
2	书房
3	浴室
4	厨房
5	花园
6	洗手间
7	餐厅
8	客厅
9	入口处

N

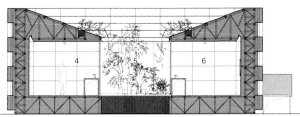

平面图（上）、剖面图（下）S = 1∶200
调光玻璃形成的隔断，
由四面宽为 955 毫米的玻璃板构成。
可沿地板上的导轨移动，并折叠为蛇腹状。
结构由钢桁架组装而成，
内部既无柱体，也无墙壁。

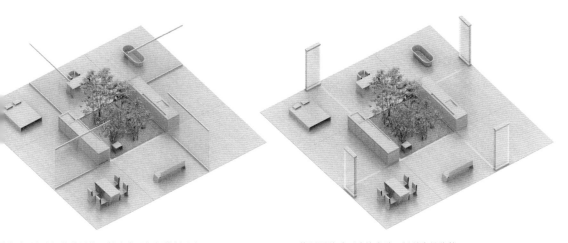

移动至各房间的分界处，整个大开间便分割开来。
间通过中庭相互连接。
置调光玻璃，来控制空间的私密性。

将隔断移动至建筑内壁，折叠为蛇腹状，
中庭和各个房间便连为一体，形成一个大开间。

厨房所需的复合功能

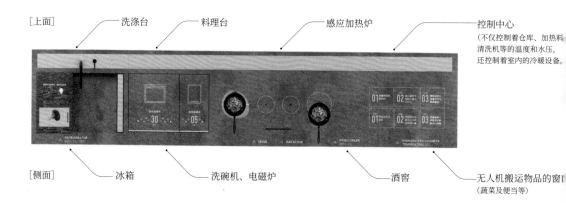

[上面]　洗涤台　料理台　感应加热炉　控制中心
（不仅控制着仓库、加热料清洗机等的温度和水压，还控制着室内的冷暖设备。

[侧面]　冰箱　洗碗机、电磁炉　酒窖　无人机搬运物品的窗口
（蔬菜及便当等）

家电可感知家中的空气，判断最适宜的温度、湿度、洁净度，并自动进行设置。在厨房，
家电为用户提供了从食材的购买到配送、储存、处理、烹饪等一系列的帮助。在浴室，家电可以协助用户沐浴、洗衣、管理衣物。

浴室所需的复合功能

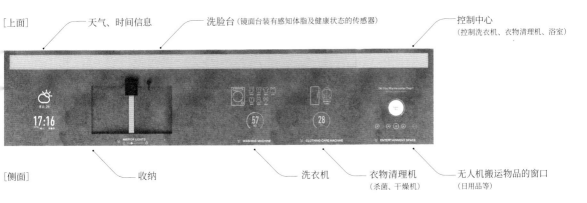

[上面]
天气、时间信息 — 洗脸台（镜面台装有感知体脂及健康状态的传感器）
控制中心（控制洗衣机、衣物清理机、浴室）

[侧面]
收纳 — 洗衣机 — 衣物清理机（杀菌、干燥机）— 无人机搬运物品的窗口（日用品等）

阿那亚细心呵护着自然环境，同时为顾客提供高品质的
度假设施和服务。此次阿那亚携手新锐建筑设计事务所——
大舍，提出一项全新的别墅方案，来探索一种可能性——
对住宅进行二次编辑，将其纳入家具之中，并使私人性的住
宅开放化。内外界限由收纳架等复合家具控制，
从厨具到寝具，数十种功能尽收其中，还可以根据使用
功能变换形态。换言之，就是通过分界面的疏密变化
来实现一种可能性——关闭时成为私人休息空间，
打开后便可与周围的空间沟通。从近代到现代，
建筑师们设计出各种各样的自然与人工的界限。
在当今流动性网络社会，这个主题正在由
"自然和人工的界限"转变为"私人和公共的界限"。
也可以说，这个住宅是现代主义模型在21世纪的最佳范本。

超薄混凝土屋顶

将钢筋编织成网状，然后涂抹混凝土，
建成厚度仅有40—50毫米的宽阔屋顶。
结构的精确计算确保该曲面屋顶足以承受自身重量。

通过复合家具"对外开放"

复合家具具有十种功能，可通过人为操作控制
内外的界限。既实现了空间的开放，
也可以借此与外界交流。

外向型的家

阿那亚致力于"作为第二个家的别墅"的开发，
不仅追求其作为建筑而应具备的空间品质，
还在思考如何把家打造成一个开放的社区。
此次提案并非把别墅视为个人或家庭的私有财产，
而是积极地探索着与社区的关联。

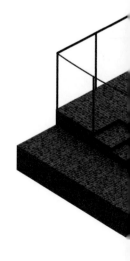

2 公中口

阿那亚×大舍

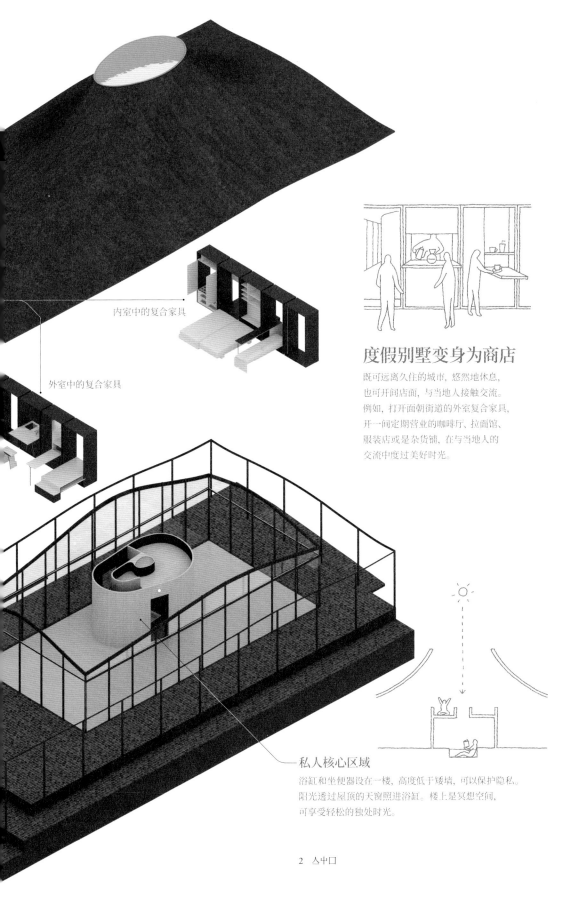

内室中的复合家具

外室中的复合家具

度假别墅变身为商店

既可远离久住的城市，悠然地休息，
也可开间店面，与当地人接触交流。
例如，打开面朝街道的外室复合家具，
开一间定期营业的咖啡厅、拉面馆、
服装店或是杂货铺，在与当地人的
交流中度过美好时光。

私人核心区域

浴缸和坐便器设在一楼，高度低于矮墙，可以保护隐私。
阳光透过屋顶的天窗照进浴缸。楼上是冥想空间，
可享受轻松的独处时光。

後舍（后舍）House ATO

柳亦春 | 大舍
LIU Yichun

柳亦春
1991年毕业于上海同济大学。
2001年与庄慎、陈屹峰创办
大舍建筑设计事务所，
至今担任事务所创办人、
执行合伙人及主持建筑师。
2012年受聘为东南大学建筑学院和
同济大学建筑与城市规划学院客座教授。
2016年4月受邀在哈佛大学
设计学院piper讲堂演讲。
2017年任徐汇区政协常务委员。

20世纪80年代以前的中国，由于居住空间紧缺，人们生活空间的集体性特征明显。沿走廊一字排开的厨房、公共的浴室和洗衣槽几乎就是如今共享空间的雏形。但是，在普遍窘迫的生活空间下，却有着丰富多彩的邻里关系。80年代以后，为了获得更多的私有空间，住宅的公共空间被无限挤压，一梯两户的单元住宅导致邻里间几乎老死不相往来。近年，随着社交网络的兴起，人际互动忽然成为新一代日常生活的重要组成部分，人与人之间的关系正在重新定义。

住所早已成为人类身体的一部分。仔细观察，你会发现有关人类建造的深层结构几乎从未变过。从洛吉尔的原始棚屋到中国绵延四千余年的木构建筑，再到范斯沃斯住宅，构成建筑的要素始终可以化简到构成汉字"舍"的三个部分：亼（屋顶）、屮（支撑）、口（基座/围墙）。很明显，人类建造的历史要比文字来的更为久远，"亼、屮、口"这三个要素的构成似乎已经可以成为一种源隐喻（root metaphor），它可以跨越不同的文化存在。后舍的设计就是这三个要素的极简演绎，它有着最符合当代技术的结构——5厘米×5厘米的纤细方柱，5厘米厚的超薄屋顶——技术带来了形式的变化，却并不改变深层的空间构成。生活的变化则被我们写在了建筑的"脸上"，10个可换可变的家具盒子作为功能空间被直接抵至生活空间的最外层，成了建筑围护的一部分，暗示着当代生活空间日益增强的开放性。

"舍"的空间分为三个由外而内的层次：开放外向的檐下空间、可开可闭的家具延展空间和最私密的卵形浴室空间。檐下空间和家具延展空间在白天可以是咖啡厅、拉面店、理发店、会议室等，到了晚上，合上开放功能的盒子、翻出家庭功能的折叠组件，就又变回成私密的家。它是携带着主人个性和对生活的定义的家具，同时也是一处邻里空间，正如"舍"字本身所携带的集体性——"市居日舍"。

右页：通过屋檐下的半室外露台
观看内部空间。外室中的复合家具列其中。

（注：空间装置的英文名House ATO，ATO取与"亼屮口"相似的外形，在日文中又是"後"（后）的意思，故名意同"后舍"。）

由下面三个字组成的"舍"字。
从古至今，所有的建筑均可简化为屋顶、
支柱和地基三个要素。
这种形式跨越文化的隔阂，
遍布世界的每一个角落。

 ⋯⋯⋯⋯ 屋顶

 ⋯⋯⋯⋯ 支柱（或横梁，招揽宾客的幌子）

 ⋯⋯⋯⋯ 地基、围墙

右页上：东南侧的夜景。
右页下：内室中的屋檐下空间。

一个人，与一群人

马寅 │ 阿那亚联合创始人
MA Yin

阿那亚

"阿那亚"一词转译自梵语"阿兰若"的英文发音"Aranya"，意指"寂静处、空闲处、远离处、修行处"。阿那亚不仅仅是一个旅游度假地产项目，更是一个生活方式品牌。阿那亚希望在这片自然资源丰富、人文积淀深厚的海岸营造一个面向未来的先锋性社区，探寻中国人的美好生活如何成为可能。在这片海边，阿那亚的初心是成为一个未来社区，让社区居民有更好的人居环境，构建人与人的亲密关系，营造面向未来的诗意生活。

人类的发展依靠两样东西，一为群体，一为个体。群体的力量提供了向外扩张的勇气，个体的思考提供了向上升华的智慧。二者之间构成对立统一的关系。

社交占据着人类80%的白日时光。凡人皆需与外界进行沟通，需要有观众。有了观众，个体的各种情绪——无论愉悦或悲伤、兴奋或恐惧、期待或沮丧才会被感知，并且在群体中得到相应的情感回馈。作为个体，如果脱离了群体，脱离了观众，就会感到无所适从。

互联网的爆炸式发展让线上联系占据了人们的主导视线。然而回归到内心，人与人之间关系的构建若想真正达到情感沟通与维系的层面，依然离不开线下交汇。虽然我们创造了虚拟空间，并越来越依赖它们，但虚拟生活并非全部，人们正在试图找回一种有灵性的本真生活。

"舍"是一个简易的居所，由小篆字形的"亼"（屋顶）、"屮"（大柱、横梁，也作招揽宾客用的幌子）、"口"（基石）组成，意为供人临时歇息，作放下意。屋舍里要有基石，有横梁，有屋顶，也要有招揽宾客的幌子。此次CHINA HOUSE VISION探索家——未来生活大展，阿那亚携手柳亦春老师带来了这样一所玻璃屋舍，沟通私人空间与群体生活，连接"家"与"产业"，将归属感释放到极致。本次设计作品想要传达的意义在于：家=可被社区共享的私物+非定义的使用空间+极小的生活空间。不同的居者在此共享生活。屋子的主人可以通过与社区分享自己所有的私物，将这一空间转化为社区的共享之家。它可以是一个好客业主的第二居所、咖啡厅、买手店、小展厅甚至一切天马行空的存在，它们都是被认可的，吸引着专属"观众"。

世界上有太多不一样的人在用不一样的方式生活，去看、去想、去创造一种全新的人生方向。这是情感发散与接收回应之间的互动，是一种既回归柴米油盐又超越柴米油盐的现代式体验。人们通过这种交流方式，通过个体与群体间的互动，营造着社区的归属之感。

右页：自然光从屋顶顶端的开口处照射进来，洒在由曲面屋顶覆盖的冥想空间内。

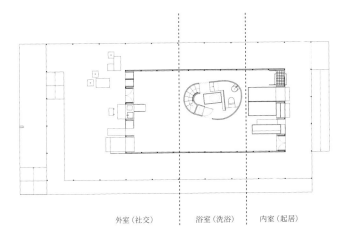

家分为三个空间

向外延伸的檐下空间——外室，
随开合式复合家具延伸的空间——内室，
集合了私人性功能的浴室。

外室（社交）　　浴室（洗浴）　　内室（起居）

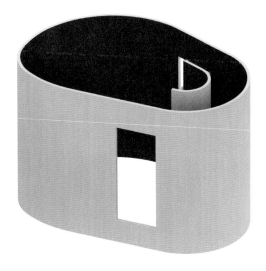

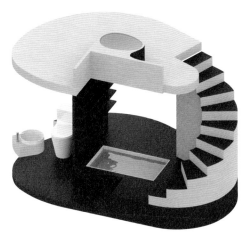

……廊呈卵状，构成了私人核心区域。
……木材相结合，打造出一个曲面，
……私人性的功能。内部低处是浴室和洗手间，
……上，屋顶下方是冥想的空间，底板设有开口，
……屋顶直射浴室。浴缸和坐便器低于平台，以保护隐私。

内室中的复合家具

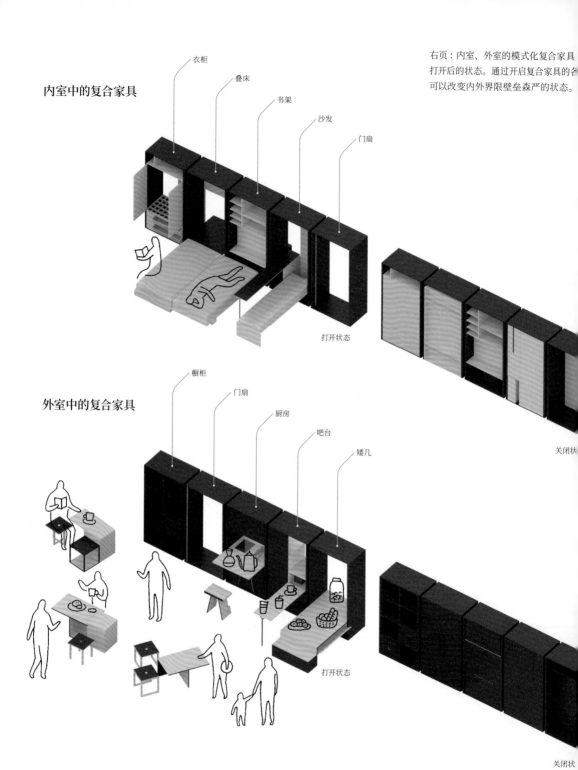

衣柜

叠床

书架

沙发

门扇

打开状态

关闭状

外室中的复合家具

橱柜

门扇

厨房

吧台

矮几

打开状态

关闭状

内室、外室的复合家具由长1030毫米的架子排列组成，各具备五种功能。
打开复合家具后，白天的屋檐下空间——外室变成咖啡厅、拉面馆、美容院、会议室等。
当夜幕降临，外室中的复合家具全部关闭，内室中的复合家具打开，变身为一个私密空间。

数字能源科技公司远景和设计师杨明洁联手，
设计了利用植物力量储备能源的住宅。
如果对产出的电力放任不管，它会像河里的水一样流走。
于是，我们设计了一种新的装置，利用各家各户的
电力来制造水和光，以此培育蔬菜。在这个装置中，
用于光合作用的光线从屋顶照射进来，通过名为
"蹲"（"方寸"）的艺术品展示生成的水流向植物的场景。
如果这个住宅的规模扩大至一个城市，那么或许
我们可以重新定义"农业"的概念。请试想一下，
这个装置中潜藏着怎样的新型沟通方式呢？比如说，
一位父亲因离婚而不得不离开女儿独自生活，
女儿通过远程操作为他种植蔬菜。虽然植物的
生长无比缓慢，但是在这种微妙的境况之中，
或许会为他们带来远比直接对话或邮件通信更深层的交流。
当今社会，四分五裂的个体正在思考着相互之间可能
产生的联系，在这个过程中，还可以体会到一种
崭新的社区或社会形态。

水与光的产生

通过设置在屋顶的太阳能电池板以及附近的风力发电
供给生活用电。利用剩余的能源，将空气（水蒸气）通
冷凝装置转化为液体水，还能为蔬菜提供
光合作用所需的光线。显示当前的发电效率，
风力发电和太阳能发电可以自由切换。

冷凝装置
Condensation Panels Off

 ☀ 31°C

94% 效率
Efficiency

最近的风电场
Nearest Wind Farm

🌀 142 千米/小时

87% 效率
Efficiency

水之雕塑"蹲"（"方寸"）———
利用艺术作品将水的生成过程展示出来。
一滴滴小水珠移动的景象，宛如雕塑一般。

3 绿舍

远景✕杨明洁 | YANG DESIGN

设计支持：土谷贞雄＋.8／TENHACHI

利用通信技术实现互动的菜园

通信技术和菜园的组合，使菜园成了共享生活的媒介，
可以此与远方亲人实现新的联系。
即使出差在外，也能远程控制菜园。

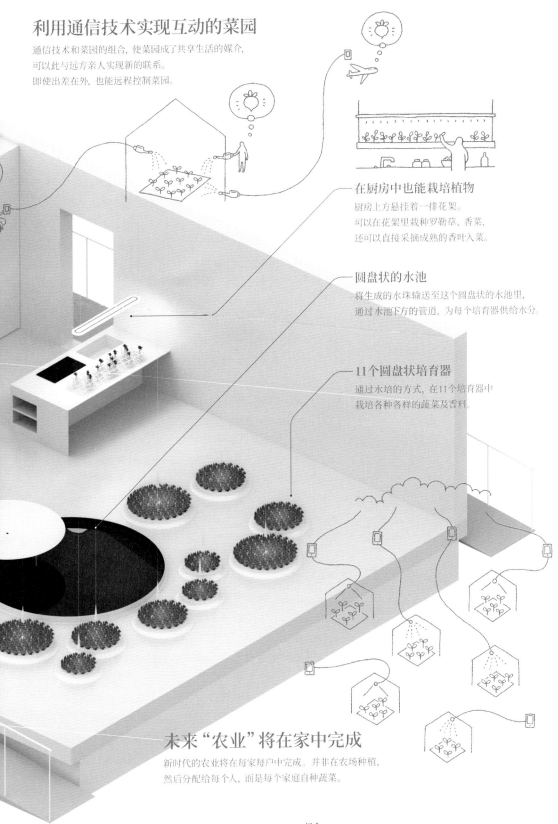

在厨房中也能栽培植物

厨房上方悬挂着一排花架。
可以在花架里栽种罗勒草、香菜，
还可以直接采摘成熟的香叶入菜。

圆盘状的水池

将生成的水珠输送至这个圆盘状的水池里，
通过水池下方的管道，为每个培育器供给水分。

11个圆盘状培育器

通过水培的方式，在11个培育器中
栽培各种各样的蔬菜及香料。

未来"农业"将在家中完成

新时代的农业将在每家每户中完成。并非在农场种植，
然后分配给每个人，而是每个家庭自种蔬菜。

能源与植物，人的情感媒介物

杨明洁｜YANG DESIGN
Jamy YANG

杨明洁

YANG DESIGN及羊舍创始人、设计总监，福布斯中国最具影响力设计师，同济大学客座教授。2001年赴德国留学与工作，2005年创办YANG DESIGN设计顾问公司，2013年投资创办中国首家私人工业设计博物馆，2015年创办生活方式品牌"羊舍"。迄今囊获了包括德国红点、iF、日本G-mark、美国IDEA及亚洲最具影响力设计银奖在内的上百项大奖。"设计能否改变社会"是他一直在思考并付诸行动的议题。

我们从农业文明、工业文明进入到数字文明的时代，基于互联网的技术革命正悄无声息地改变着我们的生活，就如同一种新的重力无处不在，让人习以为常。我们的生活与工作越来越多地进入了虚拟世界，与此同时我们的内心也越来越渴望真实与自然。人工、虚拟、效率与自然、真实、情感之间的关系将会如何发展？我希望通过在CHINA HOUSE VISION 探索家——未来生活大展中设计的未来之家，来探讨上述议题。

这座未来之家的名字叫"绿舍"，一个充满绿意的家园。我所合作的远景能源是一家新兴能源企业，他们改变了传统能源集中式供电的模式，来自风能、太阳能的绿色能源通过物联网被高效地转换、管理与输送。在这个过程中，虽然可以通过储能设备储存能源，但依然会有超过储存限度的剩余能源产生，无法被利用。如果这部分的剩余能源在家里就能转化成为光和水，用于植物的生长，也就是把剩余能源以植物的形态储存，便产生了一种新的、可持续的能源利用模式。这样我们在家里就能拥有一片生机勃勃的菜园，这也是未来农业的一个发展方向。

利用剩余能源将空气中的水蒸气转换为水，通过一个巧妙的装置将这个过程放大并可视化，滴滴答答的水珠构成了一个个微小要素被不断运送，构成的景象就像水的雕塑一般呈现出来。水滴汇集到圆形水池里，再分配到若干个大小不一的绿植栽培容器中，共同构成了一座美丽的庭院。植物既可以在家中亲自栽培，也可以通过互联网远程栽培，身处异地的家人可以通过共同栽培植物这种缓慢生长的媒介物来共享生活，交流情感。

HOUSE VISION项目的目的并不是通过建筑让人获得感动，而是通过一种诚恳的态度与精练的设计将"技术如何影响未来生活"可视化，进而给观众带来启迪——技术的发展应该使人与人、人与自然的关系越来越友善，而非越来越对立。

右页：若将这个家的规模扩展至一个城市，那么或许可以重新定义"农业"的概念。

绿舍　Green House

张雷｜远景集团CEO
ZHANG Lei

远景

远景集团（Envision）以"为人类的可持续未来解决挑战"为使命，致力于开创美好能源世界。作为全球领先的数字能源科技公司，构建了全球最大的能源物联操作系统EnOS™，同时拥有全球领先的智能风机产品。旗下包含远景能源、远景智能、远景创投等多个业务板块，拥有面向全球的产品与服务能力，业务覆盖欧洲、美国等地，拥有一流研发实力，在美国、丹麦、新加坡等国家设有研发创新中心。

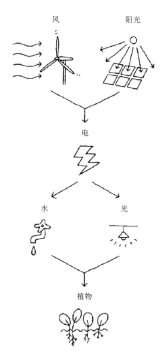

能源是工业产品

风力或太阳能产生的电能可以用于生活，但是多余的能源无法储存。于是想到用多余的能源生产水和光，并通过植物机理创造出将水和光储存起来的系统。

以"家"为承载，去探索人与自然、人与能源、人与人之间的关系，是远景加入HOUSE VISION的初衷。

"简与素"是我们希望参观者进入绿舍后的第一感受。如果能在这里体会到宁静与自然，感受到在点滴时间里的生活留白之美，那么绿舍就成功了。在远景看来，好的设计应该将感受留给用户，将复杂留给设计者与技术——用设计挖掘事物的本质，通过设计与科技为生活赋予幸福感。

能源本就自然：将自然中的剩余能量通过植物储存起来，为人所享，这是绿舍整体设计的核心。水、光、植物都是能源的载体，地球一秒间从太阳获取的能量足以支持数十亿年的人类活动。工业文明只能让人类持续掠夺能源，破坏生态，而如今我们可以对空气中的水分、阳光与植物这些本来就存在的自然能源载体进行开发、转化与存储。

能源回归日常：在固有的观念里，能源是遥远的、沉重的、污染的。但在绿舍，能源是贴近的、轻盈的、洁净的和日常化的。能源与生活的距离，不过是植物到餐桌的距离。

能源让连接发生：在创造绿舍的过程中，设计师和远景一起为绿舍赋予了一个真实的生活场景。在这个场景里，水滴、光照、植物的生长都通过物联网进行精细管理，以适应自然的多变与个性化的需求。通过能源与数据的串联，衣食住行变成了一首协奏曲。与此同时，把作物种植搬进家里，本身就让居住者与外界有了新的日常话题和纽带。当参观者看到远在故乡的父母可以通过物联网为在绿舍居住的女儿精心培育一棵蔬菜时，或许会在"简与素"之外意识到，情感与日常才是让"家"这个空间变得特殊的地方。

从建立的第一天开始，远景就不仅仅将自己定义为一家能源公司。我们希望以能源科技为切入点，将人文与科学相结合，以设计思维创造产品，探索人类的可持续发展、人与生态的关系以及人类的演进与命运。

绿舍是原研哉先生、杨明洁先生与远景共同创造的一个理想的"家"。它不是一件完成品，需要每一位参观者通过感知来完善与再创造。与任何一种能源相比，想象力才是最好的驱动力。

"蹲"是一座雕塑作品,将水的流动和蓄积作为一种静谧的美学展示出来。臼杵状圆盘采用超强防水技术,水珠在圆盘平缓的斜坡上轻轻打转,随之消失在圆盘底部约30毫米见方的洞穴中。该作品是2005年原研哉设计并在金泽21世纪美术馆中展出的艺术品。现在设置于"无何有"(日式温泉旅馆)之中,发挥着向植物供给水分的功能。

植物

冲在孔径为30毫米的坑里。根据植物尺寸，
量各有不同。将种子撒在种植海绵里，
夜充分浸入，使之发芽。

也板一样，均为砂浆材质。
也下方的管道，
音育器供给水分。

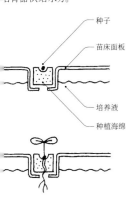

种子
苗床面板

培养液

种植海绵

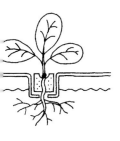

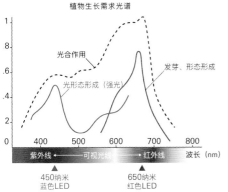

植物

来的多余能源转化为用于光合作用的光能。
长可以通过自由变化，为植物提供利于
红色或蓝色LED光。红光可促进光合作用，
利于果实和叶片的生长。用LED光持续照射
可以高效促进植物的生长发育。

光

光合作用

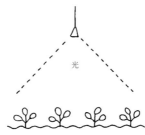

植物生长需求光谱

光合作用

光形态形成（强光）

发芽、形态形成

| | 400 | 500 | 600 | 700 | 800 |

波长（nm）

紫外线 ← 可视光线 → 红外线

450纳米
蓝色LED

650纳米
红色LED

光合作用的核心是叶绿素：
第一，利用峰值为650纳米的600—700纳米红色LED光；
第二，利用峰值为450纳米的400—500纳米蓝色LED光。
在农作物工厂等研究领域，认为红色LED光：蓝色LED光＝10：1
是植物生长效率最高的光照比例。

假设的情境｜分开生活的父亲和女儿

因父母离婚而不得不与父亲分开生活的女儿，
通过远程操作为独居的父亲种植蔬菜，由父亲负责收割。
两人以植物为媒介缓缓地进行着无言的交流，
这或许会为他们带来不同于电话或邮件通信的深度沟通。

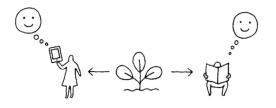

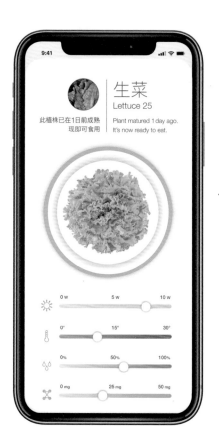

实时观测

可通过电脑或智能手机实时观测蔬菜的生长情况，
也可手动控制水分和光的供给量。通过水培的方式，
在11个培育器中栽种各种各样的蔬菜。这里显示的天数，
表示还有多久才能食用。圆周的颜色表示蔬菜的生长状况，
从灰色变为浓绿色，再变成黄绿色，待可食用时，则会显示
"Ready to eat"（可以吃了）的字样。若不采摘食用，
便会显示放置天数，待无法食用之时，则会出现红色×号标识。
既可按照指南亲自管理，也可交由AI（人工智能）自动管理。

圆形水池和培育器的设置。
水珠从"蹲"汇集到圆形水池中，再分配到大小不一的培育器里。
培育器有3种，直径分别为600毫米、800毫米、1000毫米。

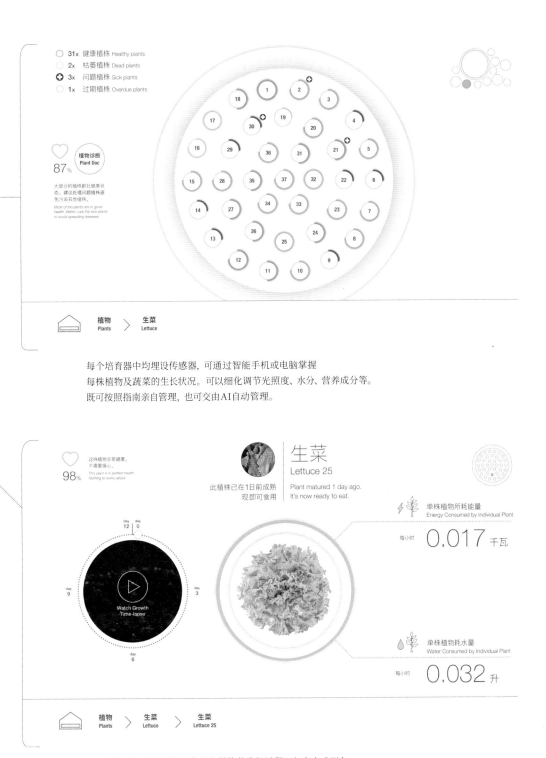

31x 健康植株 Healthy plants
2x 枯萎植株 Dead plants
3x 问题植株 Sick plants
1x 过期植株 Overdue plants

植物诊断
Plant Doc

87%

大部分的植株都处健康状态。建议处理问题植株避免污染其他植株。

Most of the plants are in good health. Better cure the sick plants to avoid spreading diseases.

植物   生菜
Plants > Lettuce

每个培育器中均埋设传感器，可通过智能手机或电脑掌握每株植物及蔬菜的生长状况。可以细化调节光照度、水分、营养成分等。既可按照指南亲自管理，也可交由AI自动管理。

这株植物非常健康，不需要担心。

98%

This plant is in perfect health. Nothing to worry about.

生菜
Lettuce 25

此植株已在1日前成熟现即可食用。
Plant matured 1 day ago.
It's now ready to eat.

day day
12 | 0

day
9

▶

Watch Growth
Time-lapse

day
3

day
6

单株植物所耗能量
Energy Consumed by Individual Plant

每小时 0.017 千瓦

单株植物耗水量
Water Consumed by Individual Plant

每小时 0.032 升

植物   生菜   生菜
Plants > Lettuce > Lettuce 25

可以通过小视频观看精心栽培的植物的生长过程。与家人或朋友分享这个过程，形成一种交流。

4 火星生活舱

小米 × 李虎 │ OPEN

在火星上的家。缘何选择火星?

因为可以通过想象一种极不完善的生活环境,来探究极端环境下的
可持续生活。在火星上,所有资源必须循环利用,就连空气、
水分、食物和废弃物也不例外。因此,通过自给自足的方式
循环供给热能、水分、空气的物联网智能家电,将成为
人类生存下去的关键。但是,现有的物联网与我们的身体
以及生活空间并无关联。于是,物联网家电制造商小米
联手建筑师李虎,通过将由家电创造出的带有自律性
的生活环境与人的身体适应性相结合,创想出一种
新的模式。要移居到火星,就必须减轻住宅本身的重量。
这个方案除了采用了轻型材料之外,还根据居住者的体形
将居住空间缩到最小,并折叠收纳到设备单元中,
以此减轻居住空间的总重量。其实这是一个
形似住宅的家电,以今天的技术,通过物联网家电
即可构筑一个满足必要需求的生活环境,
并将其囊括在一个最小的空间里。

家电的集合,即为家

小米产品多种多样,
而且均可通过网络连接起来。
因此,可以构筑一个体系,
用来循环利用空气、水分和电能。换
通过产品的联动来打造一个家。
该构思是这个家的根本所在。

各司其职的区域

这个居住空间分为满足人们生理需求的区域(浴室和厨房)
以及满足人们精神需求的区域(起居室),
在紧凑的空间中满足生活所需的功能。
后者从前者的单元中膨胀分化出来。

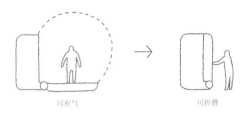

可充气　　　　　　　　可折叠

行李箱般的家

若将家从地球搬到火星上，那么家的体积和重量
将会受到限制。因此，我们将生活环境所需的设备缩至最小，
将居住空间收纳起来，然后搬走。换言之，
搬运时将居住空间折叠起来，尽量减小它的体积，
到达火星后，如同打开行李箱一样打开这个空间。

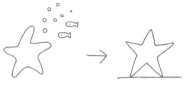

近未来材料

设备单元采用铝材以减轻重量。
居住空间最好选用坚硬且可以记忆形状的材料，
如同海星或海参一样，在海水中柔软无比，
到陆地上就会变硬。

舒适且最小的空间

火星是一个比喻性的条件，
表示在最大程度上提升空间的使用效率。
过去，极小住宅往往缺乏舒适性。
但是，如果结合小米的物联网家电技术，
即使身处一个极小的空间，
也能拥有舒适的生活。
因此，这个空间或许可用作
度假休闲时的移动式住宅。

对航天计划的憧憬

20世纪60年代，以美国和苏联为
核心的航天开发竞争吸引了全世界的目光。
李虎受到60年代出现的宇宙飞船等
产品设计的影响。

火星生活舱 MARS CASE

李虎 | OPEN
LI Hu

李虎
OPEN建筑事务所创始合伙人,
清华大学建筑学院特聘设计导师;
曾任美国斯蒂文·霍尔建筑师事务所
合伙人,美国哥伦比亚大学GSAPP
北京建筑中心 (Studio-X) 负责人。
李虎是"50 under 50:21世纪创新者奖"
获得者,英国*ICON*杂志"未来50人",
2014年智族GQ年度建筑师,
以及2011年《新视线》杂志年度创意人。

两百年前,梭罗曾独居在瓦尔登湖畔思考生活的真谛。

今天,我们身处一个环境危机四伏、消费欲望无穷的时代,HOUSE VISION为OPEN建筑事务所和小米提供了一个宝贵的契机,共同开启一个关于未来生活的探索实验,探索建筑与产品融合的可能,探索设计可以如何影响与引导未来的生活,探索未来的居所能否伴我们挣脱现实的束缚,追寻极致的宁静与自由。

我们将实验置于一种极限的情境下——当人类移居火星,住在这颗遥远而孤寂的红色行星上。这意味着我们不得不将物质生活归置极简——物质是现代生活赋予我们,而我们难以割舍的;我们必须实现资源的回收循环——资源是地球一直为我们提供,而我们习以为常的。

是否当我们开始从极简中审视物质生活的本质，开始珍惜每一滴水、每一份食物，享受每一缕新鲜空气时，才能找到那份宁静与自由？这是否才是我们对未来居所的本质诉求？这种在极限情境下的思考，也许是对身处地球当下的我们最珍贵的生活启示。当小米为家打造的科技产品与建筑相融合，当空间被释放至可拥有自由的生活方式，当产品之间的网络连接升级为物理联系，家就成了一个包含能量、水源与空气的循环系统。这就是OPEN与小米为年轻人打造的第一个家：火星生活舱，一个自循环、零污染的居所，一个基于2.4米×2.4米×2米极限运输尺寸的，能以最轻薄的充气材料灵活扩展的移动住宅，一个可以任我们自由追寻理想国度的未来之家。

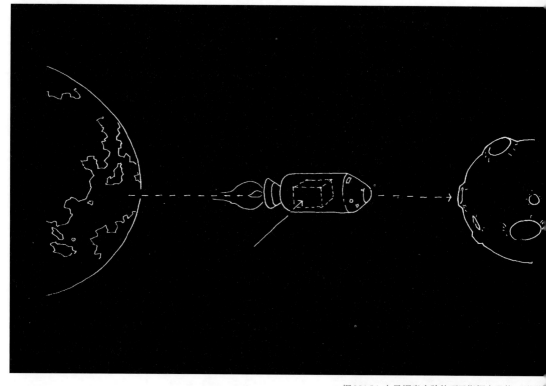

据 NASA 火星探索实验的项目指挥官玛莎·列尼诺（Martha Lenio）称，探索火星移居计划如同思考人类最终的可持续性。这个居住空间也是一个研究计划，旨在设想如何在火星的极端条件下创造自律的生活。

移居至火星

必须将家本身的尺寸压缩到最小。
将居住空间折叠、收纳在设备单元中，
然后进行搬运。
尺寸为 2.4 米 ×2.4 米 ×2 米。

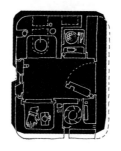

到达火星后

打开设备单元，拓展出居住空间，
其尺寸与人们的体形相符。

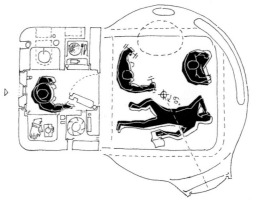

既非家电，亦非家

当小米的智能家电和家融为一体时，
家电和家的概念都将消失，
全新的概念随之诞生。

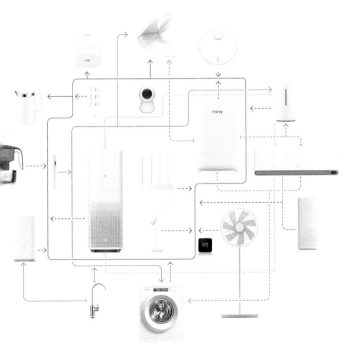

—— 收集水源
COLLECTED WATER

—— 纯净水
PURIFIED WATER

----- 冷凝水
CONDENSATION WATER

----- 释放热量
RELEASE HEAT

—— 吸收热量
ABSORB HEAT

----- 空气循环
AIR CIRCULATION

如今，越来越多的物联网智能家电能够通过
各自独立的方式提供热能、水和空气，创造
出清洁舒适的生活环境。但是，现有的物
联网与我们的身体以及生活空间并无关联。
而在这个家中，每个家电通过物理连接的方
式进行循环，创造出一个生物空间。

未来的家，是一个智能的有机体

黎万强 | 小米联合创始人、品牌战略官
Alee

小米

小米是一家以手机、智能硬件、IoT（物联网）平台为核心的互联网公司，始终坚持做"感动人心、价格厚道"的好产品，让每个人都能享受科技带来的美好生活，是小米的使命。凭借"一面科技，一面艺术"的设计理念，小米成为全球第四大智能手机厂商。通过研发高品质的智能家居与智能设备，小米还建成了全球最大的消费级IoT平台，连接的智能设备数已经超过1.15亿。

火星生活舱的内部

在科技行业，每当人们聊起一件事情，都会惯性思维地想：这件事情，它的未来会是什么样子？带着这样的思考，小米与众多生态链公司一起，研发了丰富的智能家居与智能产品，将生活的方方面面进行智能化、品质化的升级。这些产品互相连接在一起，至今已经构成了世界上最大的消费级IoT（物联网）平台，数亿人正在享受智能生活带来的便利。

当我们与原研哉先生一起探讨未来生活形态时，李虎老师提出了"模块化建筑"的概念。当时我半开玩笑地说："这样的建筑都可以去火星了。"这一句玩笑瞬间点燃了所有人，OPEN的建筑师与小米的工程师立即展开了各式各样的奇思妙想。如果人类移居到火星，家会是什么样子？它会给当下的生活带来怎样的思考？

未来的家，是一个智能的有机体。小米致力于智能产品的创新，"建筑产品化"的模块设计使我们想到可以进一步让设备"消失"于建筑之中，把家当作一个整体智能产品来设计。这不仅仅是将产品嵌入墙壁这样简单，而是"建筑-家居-人"的三体连接：清晨，玻璃自动改变透光率，让第一缕阳光将你唤醒；空气与水早已调节到你最喜欢的温度；住宅通过你的睡眠信息与环境指数，给出今早的运动建议；为你定制好的新闻内容，在你坐到沙发时就已准备就绪。这些想法听起来很梦幻，却并非不可实现。在小米现有的智能体系中，我们已经实现了一些有机连接，例如打开窗子，小米净化器自动停止工作，让新鲜的空气取而代之。通过小米AI音箱，在房间中说一声"小爱同学"，就能帮你关灯或者播放电影。

当然，实现移居火星还很遥远。小米火星之家，更多是用奇思妙想搭建一个未来生活的理想化原型。我们希望这样的理念，有朝一日可以在偏远山区、极地考察等极限条件为人们提供可居住的营地。如今，智能手机与我们的连接已经密不可分。未来，通过家的智能连接，我们不仅更懂得生活，生活也会更懂我们。我们无法预言未来人们将生活在哪里，以何种方式生活，通过更高维度的连接，我相信生活一定会更加美好。

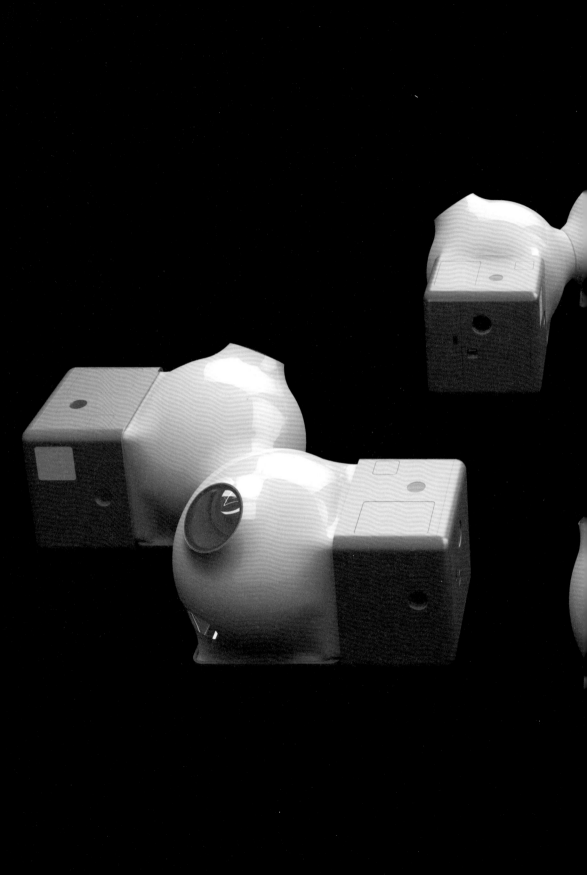

这个智能住宅可以相互连接在一起，实现一种集体生活。
即使在恶劣的环境或在极端条件下，
只要多个家庭可以聚集在一起，即可构筑一个智能社区。

5 新家族的家
——400盒子的社区城市

华日家居╳青山周平

家具制造商华日携手活跃在中国的日本建筑师
青山周平，提出一种"睡在家具上，生活在家具外的
社区中"的方案。随着时代的变迁，
社会的最小单位——家庭这一集合的存在形式
正在不断地改变，规模也在快速地缩小。
从小城镇来到大城市生活的年轻人大多独居在狭窄逼仄的
空间里，我们因而萌生出一种共享住宅的思路，
在城市中那些空置下来的大楼里添置具备生活功能的家具，
让人们住在一起。我们想通过这种方法，
在分崩离析的居住空间中构筑一个社区。
家具具备卧室、桌子、收纳架等空间和家具最基本的功能，
利用大楼现有的设备供给水电。家具以内是私人空间，
周围则是街坊邻里，即社区空间。这种社区性源于胡同、
弄堂等传统空间。在胡同里，家具从室内延伸到室外，
既具备私有性质，又具备共有性质，拓宽了社区空间。
我们将这种传统的城市空间挪到闲置的大楼中，
打造出一个全新的共享住宅。

闲置建筑的重生

这个住宅方案并非一个独立的项目，
而是提出了一个系统，可以用来对今后
中国城市中的各种闲置建筑进行改造。
在当代的中国城市，轻工业已经转移到
中国的内陆城市或东南亚国家，
过去的工厂很快就会成为闲置建筑。
该方案将对这些大量闲置的建筑进行改造，
打造出一种共享社区，为其赋予新生。

共享微型城市空间

附近的家具和盒子一样，均设有车轮，
可以自由移动。通过放置盒子和家具，
邻里空间产生了流动性的变化。
这并非传统意义上的集体住宅，
而是活力无限的共享型城市空间。
它以有机的形式呈现，是一个立体的微型城市。

无线供电

利用现有建筑的基础设施，
通过无线充电的方式供给电能。
只要将盒子移动到地上的充电处，便可充电。
无线充电技术将人从过去接线充电的
制约中解放出来，人们可以自由放置盒子。

享低频工具

又中的透明亚克力架子上放着一些不会每日使用，
并非完全不用的生活用品，例如吸尘器、行李箱、
器、熨斗等。用智能手机扫描二维码即可使用，
时还可以了解到社区中的哪个人正在使用。

普通的平面设计

400 盒子的社区城市

最小化的私人空间和
最大化的共享空间

缩小私人生活空间，丰富共享空间。
在普通的平面设计中，虽预留了稍大于
5 平方米的空间，但几乎没有生活区域。
而在这个方案中，房间缩小到了 5 平方米，
整个楼层都成为生活空间。

在家具厂中建造的家

由于这是一个可简单组装的居住空间，因此与传统意义上的
家不同，无须现场施工，在附近家具厂的流水线上即可制造，
完工后再运至需要改造的建筑中。

新家族的家——400盒子的社区城市

青山周平
AOYAMA Shuhei

青山周平
B.L.U.E.建筑设计事务所创始人，
北方工业大学建筑与艺术学院讲师。
1980年出生于日本广岛县，
2003年毕业于大阪大学，2005年获得
东京大学硕士学位，2005—2012年间
就职于SAKO建筑设计工社，2014年创立了
B.L.U.E.建筑设计事务所。主要设计作品
有"南锣鼓巷大杂院改造（获得2016年中国
建筑学会建筑创作奖银奖）"
"灯市口L形之家""苏州有熊文旅公寓"
"白塔寺胡同大杂院改造"等。

家族和住宅的关系如同人体和衣服的关系。人类会随着身体的成长，根据季节和气候的变化来选择合适的衣物。同样地，随着家庭形态、城市及社会的变化，住宅也在不断改变着自己的样貌。过去三代、四代同堂的大家族被一家三口的小家庭取而代之，如今，单身一族正演变为一种主要的家族形态。我们常见的高层住宅将两室一厅或三室一厅这些住宅平面纵向地堆叠起来，这是为"处于婚姻关系的男女和有血缘关系的孩子"这种小家庭的生活而设计的，是为他们提供的一种住宅形式。家族形式正在从大家族到小家庭，再到单身一族演变着，在这种"个体时代"的背景下，现代住宅渐渐不再适合我们的生活方式，让人感到拘束不安。

"400盒子的社区城市"为个体时代在城市中生活的年轻人构想了一种新型的共享社区。在这个共享社区中，过去用墙壁隔开的私人房间荡然无存，个人空间设计成一个不满5平方米的小型可移动盒子。厨房、卫生间、浴室、洗衣间等生活功能场

所被安排在盒子之外的公共空间中，而盒子之间的间隙则可以用来自由摆放桌椅、沙发，化身为公用的起居室、书房。这个方案的基本构想是把个人占有的私人空间缩至最小，腾出宽阔而丰富的公共空间，将整体打造为城市或家一般的共享生活空间。

近年来，全球诞生了各种各样的共享经济模式，任何场合下人们都在沸沸扬扬地讨论着共享的概念。但是，人们议论的重点大多偏向于共享的经济价值，即共享的意义在于降低费用、提高效率、增强便利性。然而，我认为共享的根本意义并不是它的经济价值，而是精神价值。通过与他人分享空间和物品，原本四分五裂的人重新聚集在一起，形成一个全新的共同体，进而获得更加丰富的内心世界。过去，血缘关系、近邻关系、职场关系支撑着人类的共同体，但在现代的大城市当中，这种传统的社会组织已经逐渐弱化，并将消失殆尽。"400盒子的社区城市"则试图通过分享的价值，探索新时代的共同体平台——新的家族形式。

胡同，我们会看到晾衣架、
凳等家具散落在路边。
非丢弃的家具，有些人除了睡觉以外，
都用这些家具在室外过活。
活力延伸到室外，家具不分公私，
间也因此得以交流。

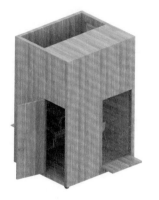

模型 A

复式公寓

模型 B

带平台的公寓

分隔的个体，缩小的居住空间

过去中国的大家族很多，一家老小生活在一个宽敞的宅子里。随着城市住宅价格的飞涨，在过去的十多年里，
这种居住形式逐渐减少，狭窄的居住空间随之出现。于是，社会的最小单位——家庭这种集合体逐渐解散，
而以三口之家为模型的集合住宅保留了下来，成为落后于时代的产物。面对家庭形态、住宅价格的变化，
建筑师和房地产公司同样处于被动的局面。另一方面，在中国社会，自古便有一种普遍的观念，
即"无论是谁都应该拥有属于自己的房子"，于是便出现了"没房结不了婚"的说法。
这种意识与现实之间的鸿沟导致了城市问题，此次的住宅计划也是针对这一城市问题的解决方案。

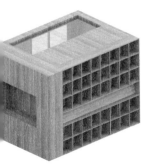 

模型 C

外置吧台和书架的集合房屋

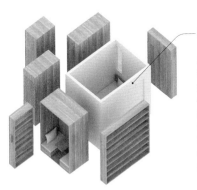

会场中准备了4种模型。我们在这些带有
卧室的基本单元中设置了多种功能，
并将它们设计成不足5平方米的、
可移动的盒子。关于盒子不具备的厨房、
浴室等生活中必备的功能空间，
我们打算用现有建筑物的基础设施来弥补。

模型 D

外置书桌的集合房屋

基础单元

1 架子
2 入口处
3 衣橱
4 晾衣架
5 桌子
6 书架
7 书房
8 禅室
9 起居室

家具的位置

具从房间内挪出，附在房间外侧，构成一个盒子。
家具的位置，压缩了个人空间，拓展了公共空间。
房间外侧的家具不再是私人物品，而是在社区内共享。
以亲自挑选需要的功能，添加到基本单元中，
按照个人喜好进行定制。除了起居室、书架、
架等共享空间和物品，还有电影放映厅等共享功能空间。

1　　2　　3　　4　　5　　6　　7　　8　　9

家，未来空间以及我们的生活

周旭恩｜廊坊华日家具股份有限公司董事长
ZHOU Xuen

华日家居

廊坊华日家具股份有限公司始创于1971年，以设计、制作、销售实木家具闻名。经过近半个世纪的发展，现已成为独立电商运营的大型综合性大家居企业，旗下拥有多种风格的民用、办公、木门、全屋定制等系列产品以及多品类的高档实木家具、软体沙发、饰品、床垫等，并提供整装设计服务。华日家居通过与国内外设计师的合作以及强大的自主创新研发能力，来打造符合中国人生活习惯的家具。

目前从社会、技术、大数据、AI、用户、生活方式等单一方面出发，在中国很难找到思考"家具的未来"的路径。那么我们如何能将传统和新兴、现在和未来、AI等技术与现实统一协调起来？答案自然在题面上：家。

我们设想了这样的家：在未来，对于年轻人来说，封闭的商品房将不再流行，人们更愿意接受的是共享居住空间，就像北京胡同里的四合院。私密空间和共享公共空间共同存在，家具根据不同的场景分别用于私密空间和共享空间，即半建筑、半家具的可移动的生活盒子。我们将其称为生活盒子，实际上，它更多展现出来的是未来年轻人的共享生活方式。

我们尝试与青山周平老师在CHINA HOUSE VISION探索家——未来生活大展上一起合作，以建筑设计为基础，整合未来家具的发展趋势，共同解决未来社会发展中会遇到以及亟待解决的问题。

通过这样的"家"，未来我们的生活将告别现在封闭的居家生活环境，让客厅、书房、餐厅、厨房走向共享，将私密空间下的"公共空间"开放出来，增强人与人之间的联系，减少彼此间的距离，实现家具、空间以及生活方式的共享，毕竟生活在一起的大家都是一类人。如此一来，在节约空间的同时，还减少了浪费以及不必要的支出，从而更高效地利用有限的城市资源。华日家居从近半个世纪的生产销售企业转型，增加了家装设计和空间设计服务。对年轻人生活方式的研究、以用户为中心的个性化定制服务需要强大的柔性生产线，华日家居斥资1000多万引进了整套实木智造设备，以满足10000种家具在未来共享场景下的使用需求。人们可以根据喜好和习惯量身定制，让家具成为共享空间的一部分，来满足共享生活。人们本身就对群居生活充满了渴望，未来人们依然会依赖于群体，在群体中获得安全感、幸福感、认同感和归属感。

右页：在盒子之间放置桌椅家具，打造一个共享空间。

在原有的建筑中插入 400 个单元后的状态。
邻里关系在盒子的间隙中诞生。

对谈———2
两位日本建筑师

早野洋介│MAD建筑事务所
HAYANO Yosuke

青山周平│B.L.U.E.建筑设计事务所
AOYAMA Shuhei

原研哉
HARA Kenya

两位来到中国的日本建筑师

原 我想两位作为建筑师，已经来中国很长一段时间了，什么契机来到中国的呢？

早野 我的契机是建筑之旅。当我还是一名建筑专业的学生时，我曾趁暑假到欧洲旅行，参观当地的各种建筑。通过这次旅行，我意识到了建筑的诞生过程及其在社会中起到的作用。在这两方面，日本与欧洲有着很大的差别。我想在这样的环境中学习，于是去了AA建筑学院（位于伦敦的建筑大学）——我喜欢的建筑师雷姆·库哈斯和已故的扎哈·哈迪德都从这里毕业，我也开始了留学生活。
在AA建筑学院里，直接给我授课的是扎哈·哈迪德的搭档帕特里克·舒马赫（现任扎哈·哈迪德事务所代表），我毕业后就受他之邀在扎哈事务所工作。马岩松比我晚一个月进入事务所，我们两个人成为"SOHO CHINA"（项目中途终止，没有实现）的负责人，被派往北京。我们白天在扎哈事务所工作，晚上自行报名参加建筑设计比赛。

原 当时扎哈事务所的氛围怎么样？

早野 获得普利兹克建筑奖的前夜，还只是一个有三十人的中等规模事务所。我亲历着与活跃于世界各地的知名建筑师一起工作的氛围，也从那时起预感到，欧洲这个崭新的文化圈正逐渐形成。在那种情况下，我想，我们应当在亚洲掀起怎样的现代建筑呢？也就是说，我开始思考超越中国、日本意义上的亚洲建筑，它们应该是什么样子。

右页上：易北爱乐音乐厅
（设计：赫尔佐格·德梅隆，2017年）。
右页下：康索现代艺术中心（设计：OMA，1992年）。

早野洋介

MAD建筑事务所合伙人，日本一级注册
建筑师。作为MAD合伙人，他监督并指导
MAD所有设计项目，带领MAD各项目团队
完成概念设计、深化设计、材料选择、
建筑方法技艺、项目节点控制等各个环节，
并保证从概念设计转化到建筑建造
过程中的每一阶段均符合并超越MAD的
既有高标准。2000—2001年，他先后获取
早稻田大学材料工程学及建筑研究院的本科
学位，并于2003年获得伦敦建筑学院（AA/
DRL）硕士学位。2008—2012年，
任早稻田大学客座讲师，2010—2012年任
东京大学客座讲师。主要设计作品包括
鄂尔多斯博物馆、梦露大厦、胡同泡泡32号、
哈尔滨大剧院、四叶草之家、朝阳公园广场
及卢卡斯叙事艺术博物馆等。

与马岩松和党群一起在北京建立MAD建筑事务所是在□
年，北京奥运会之前。那时以后，街道会不断变化，社会□
断变化，而我也在那时意识到了建筑师存在的必要性。

青山　2005年，我从日本的大学毕业，进入了在北京活□
本建筑师迫庆一郎先生的事务所。现如今，在中国活动□
建筑师不算很稀奇了，但1970年出生的迫先生是第一批□
中国的日本建筑师。当时在迫先生的事务所里，可能是□
上了北京奥运会，有很多的项目，我也负责了大规模商业□
集体住宅还有公共设施等项目。由于一连工作了7年，□
实际业务方面回归到理论学习上，于是开始攻读清华□
博士课程。在校上学时，我独立了出来，今年是第四个□
我来中国已经超过13年了，设计的项目从大规模设施到□
再到小住宅、农村的再开发等，发生了很大的变化。

孕育建筑的磁场

原　早野先生去欧洲旅游的时候，为何会有日本和区□
建筑在平行线上之感呢？自从雷姆·库哈斯、赫尔佐格和□
隆被世人关注以来，地板、墙壁、天花板之类的建筑语□
渐被替换。

北京国家体育场（鸟巢）
（设计：赫尔佐格、德梅隆，2008年）

早野　这是在社会中的建筑应有的状态吗？比如，坐落于□
丹的康索现代艺术中心（设计：OMA），看到这种伫立□
街上的、崭新的、向时代发问的建筑被人们接受的姿态，□
矢志于建筑的人，我深感其魅力。旅行的人毋庸置疑，□
人也有很多。我认为出国走一趟，反而能更好地回望日本□

原　两位去中国的时候，正是日本公共建筑渐渐失去□
的时期。与此同时，赫尔佐格和德梅隆设计的北京国家□
场、雷姆·库哈斯设计的中央电视台总部大楼拔地而起□
某种意义来说，当时的中国成了外国建筑师的实验场。

早野　当时我非常惊讶。即使是扎哈事务所，也是一边□
着世界各地的项目，一边感受到在世界经济潮流中逐渐□
的孕育建筑的磁场。但是，直到现在人们还在争论，作为□
化的证明，由有经验的外国建筑师来建造实验性的建筑□
件事对社会来说是不是好事？日本用了三四十年才使建□
化发展成熟，如今的中国将如何走向这个进程呢？

.建筑设计事务所创始人，
.大学建筑与艺术学院讲师。
出生于日本广岛县，2003年毕业于
学，2005年获得东京大学硕士学位，
2012年间就职于SAKO建筑设计工社，
创立了B.L.U.E.建筑设计事务所。
代表作品有"南锣鼓巷大杂院改造
16年中国建筑学会建筑创作
""灯市口L形之家""苏州有熊文旅
白塔寺胡同大杂院改造"等。

视台总部大楼（CCTV）
OMA，2008年）

青山 但是，年轻建筑师参与都市大规模项目的时代已经结束。要说年轻建筑师如今的去处，多数是参与到都市中无人居住的工厂和胡同的修缮中，新建工程则是农村的新开发项目。

原 牵引经济的产业也从房地产逐渐演变为以电子商务为主体的平台。青山先生如何看待如今的中国呢？

青山 从社会整体层面上来说，近两三年，中国不是更自信了吗？我认为这与微信支付之类的电子支付服务有关系。电子支付的普及为过去经常模仿他国已有服务和技术的中国带来的生活方式上的改变，令中国成为世界的先端，社会的理想状态也有所改变。

原 个人认为一种成熟的生活方式以及居家模式的形成并非易事。青山先生坚信"当下的中国社会已经拥有了相当的自信"，对此我并无异议。然而如果从居家模式的视角来看待这一问题，我认为距离这种自信的确立，还有相当漫长的路。当年，央视大楼及"鸟巢"等地标性建筑在北京拔地而起。然而这些高楼大厦之下，人们却仍然过着并不安定的生活。伴随着经济的高速发展，社会生活也发生了翻天覆地的变化，一些极具代表性的经典建筑作品相继问世，然而对于普通大众而言，生活依旧混沌，难有品质。一些高端住宅小区满是低端恶俗的伪西班牙风格或维多利亚风格，廉价住宅小区更不过是一堆七拼八凑的钢筋水泥体，甚至连浴室和厕所也不统一，全凭居民各自为营，任意搭盖。居住状况往往决定了一个人的生活方式，正是这样的现状，激起了人们改善住宅的意愿和决心。我想，曾经居住在北京胡同里的青山先生，正是出于同样的生活经历，所以才提出"新家族的家——400盒子的社区城市"这一规划构思的吧。

社区的重构

原 青山先生，您认为今后中国人的生活方式会朝着什么样的方向变化发展呢？

青山 还在迫事务所供职的时候，我设计的房子多为150平方米左右，后来设计的房子规模越来越小，从90平方米、60平方米再到20平方米，不一而足。数年前，深圳的开发商推出了

6平方米的胶囊住宅，一时引起了广泛关注。随着传统^{...}断解体，家庭人数日渐缩减，再加上城市住宅价格畸形^{...}不下，人们的生活外延也在逐步缩水。

如此带来的影响之一就是，早先为迎合"核心家庭"需^{...}出的两室一厅、三室一厅住宅，由于时代错配脱离了居^{...}而少人问津。现如今，这类房子成了备受年轻人青睐的^{...}宿舍"，三室一厅的住宅一般会住进五个完全陌生的年^{...}甚至有人专门从事这种共享配对的中介业务。简单来说^{...}所能提供的住宅硬件条件与居民的生活方式实际上是错^{...}以至于滋生出一门新的服务产业来弥补这样的供需裂痕^{...}再者，与日本不同的是，中国人不能购买私有土地建造^{...}因此个人"想要有个家"的内心欲望就只好通过改善住房^{...}来释放。在日本，个人想要改善住房条件的话，一般是^{...}发商委托专业建筑师的方式重新对房屋进行改造，从^{...}并提高其不动产的价值。然而在中国，人们往往要面^{...}一个问题，即如何消化大量人去楼空的工厂空地和商场^{...}并将其改造为适宜居住的居民住宅。于是，中国就出^{...}美和日本所没有的社区重构现象。

原　　经济的增长导致地价飞涨，非本地年轻人难以^{...}立足的问题十分严峻。但与之相对，也有人仍然深信自^{...}福或许能在将来实现，想必这一愿望也是支撑他们继续^{...}尝胆"的动力所在。

青山先生举例说明的，与完全陌生的室友合住在一间^{...}合小家庭居住的三室一厅的房子里，这自然称不上是理^{...}社区，这种生活状态仿佛被收容在一个个被隔断的盒^{...}般。但无论是在欧美还是在日本，这都是一种前所未有^{...}活方式，或许也能从中感受到自豪和幸福吧。

青山　我提出了一个刷新这种社区方式的概念——新^{...}家。将房间里的家具转移到共同居住区域，这一想法^{...}同居民的生活方式。生活在胡同里的人们会把自己家^{...}具放在过道上供他人使用，这是一种打破家庭界限的^{...}活方式。胡同不仅是一种传统的居住空间，更能成为^{...}造未来生活的创意之源。

将山水意境视为离心力的建筑

原　　作为西方文化代表的MAD继承了扎哈的造型^{...}

右页：新家族的家——400盒子的社区城市。

望以贯穿中国作为一种离心力，让建筑走向世界。您是否认
为中国的建筑中蕴含着加速西方文化发展进程的潜能呢？

早野　我们希望将自己在欧洲见过的和经历过的东西以东方
的视觉进行二次消化，从而重新审视东方世界中与自然相关
的生活方式、城市发展方式以及建筑方式。
在扎哈事务所接触全球各地项目的过程中，我一直感觉在建造
的过程中，当地的生活方式与整个社会所寻求的未来目标之间
依旧存在着不少隔阂。因为建筑是扎根于土地之上的，所以我
们应该在建造过程中，考虑当地的文化和历史以及当地居民原
有的生活方式之间的关系。为此，我们MAD对中国的城市和
庭园历史做了一个研究，并将这一结果反映到了现代建筑之中。

原　最初看到MAD的建筑时，虽然是极富扎哈特创造型，但依然可以从中感受到如放置在盆栽旁边的自然石的东方美学意识。我认为，即便在全球范围内，MAD的建筑也能作为一种东方的未来建筑被认可吧。

早野　盆栽是通过人类双手呈现出的大自然之美，但这是一种有别于自然的全新之美。不可否认，我们希望通过东方的世界观以及东方人对待自然的理念，创造出现代建筑前所未有的丰富空间和风景。

在欧洲涉及建筑相关的事项时，东方的文化与价值观通常被"外国人"的视野来看待，本质部分无论如何也无法彻底抵达建筑上，常令人发出扼腕之叹。在我看来，对这个已经普遍化的世界来说，通过当地的语言和建筑传播流行于东方的价值观变得越来越重要。以上述思维为背景，我们自身也强烈意识到，自己肩负着开创具有东方风格的未来建筑的重大责任。

原　"庭园家"便是这种思维的具体表现。乍看之下，运行着薄膜太阳能电池的、巨大的、三维曲面屋顶，很容易引人们的眼球，而这座宅院才是将MAD对山水的诠释化为建筑形式的匠心之作。

早野　在"庭园家"，由汉能公司生产的透过性极佳的薄膜太阳能电池并非通过屋顶将住宅内外分隔，而是通过让内去自如呈现出全新的舒适感。换言之，这并非将来自于外的不确定因素拒之门外，而是与外部一起将自然环境渗入内部，使家内外兼顾。虽然建立一个实际的家可能会耗费时间，但我认为它可以作为未来可能性的一个目标。

营造豁达开朗的生活美学

青山　我最近觉得中国的两点特性也许会孕育出新的可能并感到其中蕴含着潜在的可能性。这让我备感振奋。

首先，承包商的技术和劳动力成本在城市与农村之间有很大差异。我认为在日本并没有如此大的差距，比较平均，但中国由于幅员辽阔，建造建筑的条件仍然存在着差异，这一点很有意思。

比如，在福建省的地方城市推行的由40个箱子组成的"家族之家"，正是由于这种差异性才得以实现。这个地方城市人口规模为600—700万人，如果在欧洲，这个规模已经

泉州一号地点共享社区
（设计：B.L.U.E.建筑设计事务所，预计2019年竣工）

于一个国家的第一大城市了。然而与北京或上海相比，实行成本却极其低。如果在日本和中国的大城市，这个项目几乎不太可能实现，不过要是出现40个持有想住进箱子这种奇异想法的人，那也是有实现的可能的。

原　第二点呢？

青山　中国式环境的捕捉者。北京有一座建于清朝，被称为圆明园的离宫遗址。那里曾经在人工湖中建造小岛，上面建造了数目繁多的建筑。然而随着时代更迭，建筑物都已经损毁，只有景观残留下来，被保留成为一个公园。但是，我感觉即使建筑物不复存在，作为环境的价值也依然可能保留。
例如，凡尔赛宫的花园以建筑为中心设计轴线，建筑连带景观。圆明园则恰恰相反，首先有了景观，在此基础上再以建筑点缀。总而言之，我认为以建筑为中心进行理论化的现代主义，从另一个角度来说，就是抓住环境。建筑不是景观的主导，而是景观的一个组成部分。

原　反过来讲，局促的生活也可以变成景观。我认为与之类似的是，政府构建国家建筑的同时，还存在着一些在中国普通大众眼中层叠连绵的建筑。中国存在着像鼓腹击壤那种品尝美酒美食、安享平和生活的，豁达开朗的生活美学，想必也能见到把家具摆在胡同里，光着膀子的大叔、大爷们愉快生活的景象。如此豁达的生活美学孕育出的力量，在日本无法看到，在中国却实实在在地存在着。如果将这种大众能量作为建筑提取出来，会非常有趣吧。

早野　确实，当目睹先进的建筑与从前的杂乱老建筑共存的风景时，我感受到了中国社会所蕴含的豁达感性与生活美学。即便是从城市建造方法上看，它也是以与我们迄今为止学到的方法截然不同的思维方式构筑的。我认为这种建筑和城市的可能性是中国独有的。

继承睿智的生活哲学

原　青山先生出现在电视屏幕上，难道不是建筑师活跃行为上的一次突破吗？

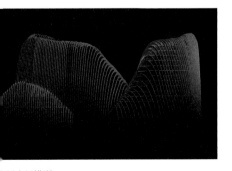

公园广场模型
：MAD建筑事务所，2017年)

青山　很有触动吗（笑）？回想起来，我在《梦想改造家》中

胡同泡泡32号
（设计：MAD建筑事务所，2009年）

南锣鼓巷大杂院改造
（设计：B.L.U.E.建筑设计事务所，2015年）

右页：朝阳公园广场模型
（设计：MAD建筑事务所，2017年）。

翻新胡同民居的时期，刚好就是前边所说新建物业规模
变小的时期。我认为，这正是社会整体的关注点从西方
向本国传统生活以及古旧建筑转移的时机。

此外，多亏了诸位日本高级建筑师，中国社会开始有一种
本建筑师尤其擅长小型建筑方面的工作"的印象，并且在
里的房屋翻新也受到了好评。

原　说起修缮，最近各地正如火如荼地进行农村再
以前在中国采访时，有数据显示在某段时期，400个村落
一天之中全被毁灭，实在令人震惊。自从保护古建筑和
不受损的政策发布以来，我感受到了巨大的变化。
农村民居里凝聚着自数百年前代代相传的生活智慧。是
地方风俗的结晶，是最适合当地土地、风俗和环境的生
态。但是，近代化导致地区性被削弱，如今都变成了千篇一
律、似曾相识的公寓式住宅。无论是政府还是普通百姓，
必都开始察觉到生活智慧传承的断绝了吧。

早野　去到被称作"古都"的城市，一到夜晚，位于市中
古街必定是人山人海。虽然经过了岁月变迁，但规模、街
诱发人们骨子里的集群行为的因素依然残存。我们建筑
该经常观察当地的特殊性和农村的存在形式，在将其调
现代风的同时，使其作为建筑物得以升华。

原　MAD设计农村中心设施的时候没想到会这么
如果能跳脱出古宅的形式，在农村建造出依山傍水的超
建筑，这种景观或许会变得很有趣。

早野　就像我们经手过的"胡同泡泡32号"，通过在古街
入新的元素改变风景，也许能看到至今不曾得见的当地
质。这种在未来搭建新风景的意识，不论城市还是农村
是一样的。

原　"庭园家"不仅仅是提案。比如说，以郊区别墅的
形式形成新的风景，可以向这种项目发展。

早野　我在HOUSE VISION中以新的角度想到了一种
的存在形式。这次，虽然在会场上建造了单体的家，但就
利建筑鳞次栉比的意大利阿尔贝罗贝洛小镇那样，"庭
能构筑什么样的成群风景呢？如果能付诸实践就好了。

四方家具

重新编辑行为活动的关联性，
打造可360°自由使用的多功能家具，
使功能和空间相互作用，提高空间利用率。
三面墙全部设计成收纳空间。

重新定义"睡眠"

现有的床通常只是一件以睡觉为目的、
靠在房间的墙边。但实际上，我们经常在
床上给手机充电、查看邮件、读书，
或者小酌一杯。床应该是一件可以承载
各种睡前活动的家具。

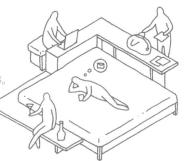

6 最小－最大的家

有住✕日本设计中心原设计研究所

设计支持：土谷贞雄＋.8／TENHACHI

映出世界的窗户

着高性能投影设备的普及，
令在房间里也能投映出
高清晰度的影像。
为连接生活与社会的枢纽，
像空间将变得愈加重要。

美好的休息场所

独居或两人一起的生活不需要餐桌。
今后，厨房是做饭的人和吃饭的
人一起使用的地方。打开电脑，
这里就变成书房；插上花，
这里便可成为可以
饮茶品酒的地方。

有住联手日本设计中心，基于"Edge Zero"的理念——用最少的设计，实现最多的功能和
最高的空间利用率，试着对一居室进行了改造。这个家将厨房、卫生间、浴室、沙发、
床等基本生活场所、设施以高效的方式实现了相互"侵蚀"。这个家不仅设计精巧，
可满足必要的需求，对空间的利用也几近极致，就像三文鱼可以连皮享用一样，不留一丝浪费之处。
例如，厨房不仅可作为烹饪食物之处，还扮演着生活轴心的角色，供居住者放松休息。
床不仅仅是睡觉的寝具，还能成为读书、写字、使用手机的地方，令睡眠前的时间充实起来。
一个崭新的空间将通过这样的布局横空出世，生机勃勃，是传统一居室无法比拟的。
当住宅实现了高精度和合理性，人们的生活将获得一种前所未有的富足感。

Edge Zero之家

原研哉
HARA Kenya

在有限的空间里，既能做到物尽其用，还能优雅地生活。此次与互联网家装公司——有住公司联手，不是为了描绘一个遥远的梦，而是为了丰富眼前的现实生活。意在展现HOUSE VISION一直以来对生活的实际探索及其部分成果，我们特请日本设计中心原设计研究所负责该项目。

床不只是一件寝具，它还承载着各种各样的睡前活动。例如，在网络上搜索资料、浏览社交平台、坐着看看书、抱着电脑充实地度过入睡前的短暂时光……睡眠的确很重要，但那是一天的最终章，人们在睡前还会做各种各样的事情。因此，理想中的床不应该只是一个挨着墙壁的寝具，而应是一件可以丰富睡前时光的家具。

厨房也是如此。它不是用于烹饪的劳动场所，而是独自一人或与同伴一起享受美食的空间，也是品味香茗的茶室或品尝美酒的酒吧。水不仅用于烹饪或清洗餐具，还是插花、调制鸡尾酒不可或缺的一部分。只要留有一块可使用电脑的空间，即可打造为一个气派的书房。因此，厨房中的每个细节，包括水龙头、水盆和料理台在内，都应精心考究，展现出家具的效果和美观。

沙发对面是白色的墙壁，另一侧是浴室。墙壁设计成平面精度较高的显示屏，4K分辨率的图像以12000流明的亮度投影，丝毫不会失真。它不仅具有精密的投影功能，还是IoT服务的载体和各种网络服务的枢纽，是一个可以顺畅运行的窗口。

房间的三个墙面均具备收纳功能，有助于实现一种生活美学——只把必备品放在看得见的地方。

中国的普通居民住宅，居住者习惯自己选择浴室、卫生间、厨房等家居必备部分并自行配置，但这经常会导致各部分之间的空间浪费，或是消除了必要的间隔余量。对此，Edge Zero给出了一个答案，即在最大程度上实现居住空间的功能性和舒适感。这正是Edge Zero的意义所在。

右页：四方家具。不仅用来睡眠，还可以在上面读书写字、使用手机，丰富睡眠前的相关活动。

家与人从物联到智联的过渡—— 情感物联

李丕 ｜ 有住总裁
LI Pi

有住

有住是国内率先提出标准化家装的
新型装修企业。我们致力于改善
国人住居水平和完善用户情感
满足解决方案，通过标准化的运维理念，
打造以家为中心的情感物联企业，
让消费者切实体验到健康、
智能的家装产品。有住将搭建一个
专注于满足用户情感的品质级家居服务商，
运用人工智能等技术，让用户每时每刻的
情感都与家的软硬装关联起来。

个性化需求日趋繁盛的今天，有住通过新零售家装的手段，为未来打造了"情感物联"的家。

之前，有住完成了互联网家装模式的开创，平方米报价、套餐模式的推出使得家装标准化进一步完善，家居市场消费习惯的培育成果赫然眼前。

在经济一体化、社会开放、信息爆炸、思想多元的今天，"家"这个自带情感属性的聚居体必然会带有每个家庭的烙印。这个烙印，犹如图腾之于部落，是人类社会住居属性反刍于自然的结果。所以，个性化需求是家装行业对过去"标准化"的更高要求。

有住通过"新零售"的场景售卖手段，利用"千人千面"的系统技术，让用户大脑中的蓝图在购买时就清晰可见，再加上有住专业设计师的配合，最终让用户对自己的个性化创意成竹在胸，可行性更高，实现起来也更为便捷。

经有住之手打造，每个家庭的个性化语言都能够在固定空间中获得可感知的形象，图腾的信仰也因此在每个家庭中建立，潜移默化地优化着这些家庭的生活方式，让家中的成员更加注重生活的本质。但这些还远远不够。

我们又在产品中搭载了AI等智能化嵌入设备，并不断予以优化。用户在入住有住打造的家时，人与家的每个元素都能建立起更为有效的沟通互动，生活的方方面面也更加如人所愿。如此一来，人的思维和注意焦点必然会回归到家庭聚居的本质——家庭关系的软化与和谐，这就是人与物情感物联的终极意义。

以上一切所呈现出来的样子，必然是简单清晰的，并且有住打造的"情感物联"是对生命本真及人类关系的终极关怀，这与CHINA HOUSE VISION 和原研哉先生所倡导的住居艺术不谋而合。

现如今，有住通过"新零售"的方式以及智能化产品的打造，服务了35000多个家庭。相信有住会通过此次和大家一起参加CHINA HOUSE VISION探索家——未来生活大展，并结合35000多个家庭的口碑裂变，改变全球社会的住居形态。

右页：从厨房往外眺望。
台面为不锈钢材质，去除焊接部位，
降低对比度，最终呈现出平滑的效果。

四件家具，宽均为2690毫米。木质材料与室内相同，均为橡木。
中间的家具是将沙发、桌子、收纳架重新组合而成的。

最大程度上发挥出了空间的功能。
通过位置设计，有限的空间也能产生宽敞的感觉。

7 无印良品的员工宿舍

无印良品╳长谷川豪

在上海住宅楼的高层中经常能见到挑高4米的空间，用作一层显高，
用作两层又显低。此次无印良品携手建筑师长谷川豪，
针对如何才能高效彻底地利用这类空间展开了探索。
回首中国住宅的历史，自古就有共享住宅，例如横洞式的窑洞民居和四合院，
都是个体空间构成的共有空间。这个住宅方案正是由此衍生出来的。
在现代常见的套房式共享住宅中，个体空间和共有空间并排，
通过墙壁隔开。而在这里，空间结构如同中国传统住宅里的架子床，
与地面分隔开来，通过一个立体单元划分出个体空间和共有空间。
单元内部是阶梯室和卧室，内壁的收纳架上摆放着无印良品
模式化的家具和电视机等家用电器。单元下方有冰箱、
洗衣机、空调等，与周围的浴室、餐厅、厨房、
庭院一样均为共享。在北京、上海等地价飙升的城市，
这将成为一种全新的员工宿舍，即将化蛹成蝶，付诸实践。

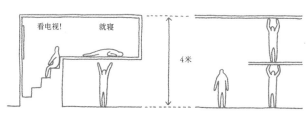

看电视！　就寝

4米

建造员工宿舍

上海良品计划员工宿舍的原型。上海市区内房租高昂，
房源也很少，在上海办公室和店铺工作的员工大多住在郊外，
坐地铁单程要3个小时。他们居住的公寓不但距离市中心很远，
而且又窄又小。大城市人口集中、住房不足是全
中国普遍存在的问题，良品计划希望在改善员工生活环境的同时，
对新城市居住的应有状态做出提案，因此便委托了长谷川先生。

个人与公共的分开方式

一般的nLDK型合租房都是用墙将并排的私人空间与公共空间隔开，而这所住宅里则是以立体单元的形式，将私人空间与公共空间上下分开。

单间

LDK

私密单元

共享客厅

公共体

单间群

公共体

单间群

窑洞民居

四合院

从公共到个人

走进去看到的就是壁挂式搁架。和无印良品的搁架单元一样，这里设置了由400毫米见方的模块组成的壁挂式搁架。单元里面是卧室。往里走，就是私密空间。

已有的基础设施

水、电等设备是在已有的基础上，利用单元之间的空间敷设管道。

个人包围公共的空间结构

追溯中国的历史，无论是为应对严寒酷暑而调整采热环境的横穴式窑洞，还是根据封建时代的礼法和风水方位、围绕着庭院布置房间的四合院等，这种用个体包围公共的空间结构，即共享住宅的形式自古就有。

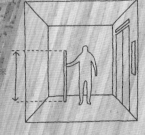

1600毫米

大于家具，小于房间

结构材料使用的是50毫米见方的钢框架。这个尺寸的钢架用在建筑上太细，用在家具上又太粗，所以不太常用。但现实中搭建高层住宅的上层时，50毫米的框架可以通过电梯进行人工搬运。50毫米的粗细、1600毫米的长度，这个尺寸做家具太大，做房间又太小。此次选用这种尺寸和单位，目的在于创造出一种全新的居住空间。

现代版架子床 —— 房间与家具之间

长谷川豪
HASEGAWA Go

长谷川豪

建筑师，长谷川豪建筑设计事务所代表。
1977年生于埼玉县，东京工业大学大学院
博士课程结业（工学博士），历任东京工业
大学外聘讲师、门德里西奥建筑学院
客座教授、奥斯陆建筑大学客座教授、
加利福尼亚大学洛杉矶分校（UCLA）
客座教授、哈佛大学设计研究生院（GSD）
客座教授。获得第24届新建筑奖等
多个奖项。主要著作有《长谷川豪：与欧洲
建筑师对话》（LIXIL出版）、作品集
《长谷川豪作品》（TOTO出版）、《建筑素描
第191期：长谷川豪》（El Croquis出版）等。

"个人"的最小单位

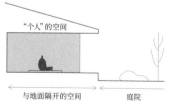

在日本，地板与地面分隔，
人们在上面铺上被褥，就成了睡觉的房间。

在中国，地面一直延续到室内，
与地面分隔的是家具——架子床。

右页：私人单元下方是宽敞的公共空间。

试比较一下中国和日本的传统住宅，就会发现在地板的使用上
存在天壤之别。日本的住宅借助檐廊在庭院和建筑之间形成
一个高度差，在榻榻米上铺上被褥，创造出一种个人空间；而
中国的住宅则是与庭院相连的地面一直延伸到室内，摆上一个
叫做"架子床"的高底家具，即为个人空间。日本人睡在高出地
面的地板上，中国人则在地面上摆放一个高底家具，睡在上面。
如今，两国的城市居住方式向欧美看齐，这样的习惯已经完全
销声匿迹了。但是，在思考中国的个人空间和公共空间的关系
时，这种地板处理方式上的差异可以给我们带来一些启示。
此外我们还得知，在上海的公寓中，一些高层的室内挑高达到
了4米，用在平层上太高，建造双层的复式住宅又太低，房地
产公司也束手无策。于是，我开始思考如何利用这种与众不
同的库存空间。

此次提出的员工宿舍的模型，可以说是一种现代版的"架子
床"。公寓一般是用墙壁隔开房间和起居室，而我们创造出了一
种管状的个体空间，像一个独立的结构一般悬浮在空中，然后
对大面积的公共空间进行立体分割。这个模型是一个倒L形的
截面，用悬臂梁将个人单元反压在空中，人们在属于自己的个人单
元里就寝。我们在里面设置了与无印良品组合搁架相同的400
毫米方形墙壁搁板，可以高效收纳无印良品的文具、家具等。

此外，这些个人空间由1600毫米的方块构成，是一个介于家
具和房间之间的空间单位，宛如小阁楼，人们需要稍稍弯腰才
能来回走动。一直以来，良品计划以家具、住宅等各种尺度
开展设计工作，此次提出"介于家具和房间之间"的方案，似
乎颇有意味。

以往的共享住宅是用墙壁隔开的，无论是大家可以共享的公
共空间的大小，还是个人空间的形态，都是模糊不清的。此
次方案用线状的个人空间将一个宽阔的公共空间柔和地分隔
开来，二者交织对立，共筑一个集体空间。我们的目标是一
个全新的共享空间，无论在哪儿都能感受到整体空间的大小，
各自分散，又浑然一体。

"社宅——公司宿舍"的未来

金井政明|
良品计划董事会主席
KANAI Masaaki

无印良品

无印良品于1980年成立，
打出"有道理的便宜"的口号，
用恰当的方式，生产人们真正需要的
生活用品。同时，从注重生活美学的角度
出发，孜孜探求"舒适生活"的真谛。
"无印良品之家"以"永续使用、永恒变化"
为理念，提出可供住户自由改变生活方式、
既牢固又富于变化的家居方案。

无印良品持续思考生活的本质和普遍性，举办了38周年特别活动。在各方的大力支持下，我们在中国开设了229家店铺（至2018年5月末，不包括港澳台地区）。今年，MUJI HOTEL（无印良品酒店）也已在深圳和北京开业。

前段时间，一位美国记者以"无印良品就是现代的民间艺术！"为题介绍了无印良品，这篇报道引发了我的思考。我认为无印良品并非民间艺术，而是民生用具。自古以来，民生用具就是人们生活中不可或缺的一部分，是生活智慧本身的体现。

随着时代的发展、产业结构的改变、能源的变化以及材料和技术的进步，我们的生活和民生用具都发生了翻天覆地的变化。同时，消费过剩的社会现象逐渐严重，相对需求，或过犹不及、或相去甚远的产品充斥于世。无印良品不会煽动消费，而是想继续制造成熟的民生用具，让生活智慧形成生活美学。

无印良品此次在HOUSE VISION的主题是"员工宿舍的

未来"。围绕无印良品员工的生活、空间和社区，与建筑师长谷川豪先生联手设计。基本单元采用无印良品的模式化产品，可自由组合搭配。在立体单元构筑的共享空间中，人们自然而然地聚集在一起，相互之间的交流使生活变得丰富多彩。

此外，这种单元的通用性非常高，适用于各式各样的现有建筑，价格也很亲民。如今，全世界的城市土地价格都在节节攀升，人均居住面积不断减少。令人遗憾的是，这种情况今后将持续下去。因此，我们想把智慧集于一个锦囊当中，为年轻人，为老年人，为形形色色的城市生活者，提供一种引以为荣的舒适感，以及一种便于相互交流的新式居住方案。

借此项目之机，我们将开始构建中国的产品开发体制。希望这种"员工宿舍"可以为中国朋友带来全新的民生用具，也希望它能像"人"这个汉字一样，一撇一捺相互支撑，形成人们彼此间相互说着"多谢""有困难互相帮助"的互助型社会。

良品，
品基本上都是按照
工具模块的尺寸制成的。

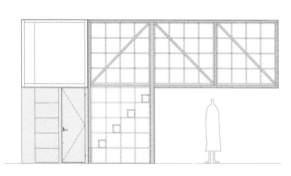

单元内部设置了由400毫米见方的模块组成的壁式搁架，
外侧的公共区域同样设置了搁架。
内部私人空间采用橡木材料，外部公共区域则采用钢质材料。

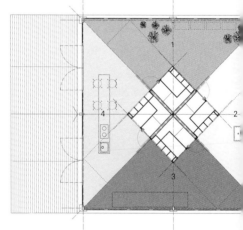

单元楼梯下方设有冰箱、洗衣机、空调设备，
私人单元的周边由客厅、浴室、餐厅、工作区等四个共用区域组成。

1 客
2 浴
3 工
4 餐

在展览会场设置了倒L形的私人单元，从中央向四周分散，像树木伸展树枝一样。

也可以根据场地情况，以"口"字形、直线形、圆形、棋盘格子形等形式自由布置。

拟态和姿态

电视机是一个立方体，
为了与周围的室内装饰同化，
最终以拟态的方式融入空间。
在融入室内装饰的同时，
又通过放映的内容来彰显
其作为电视机的"姿态"。

未来的电视机会变成什么样子呢？
电视机生产量全球领先的TCL联手建筑事务所Crossboundaries，
从拟态和姿态两个方面描绘了一种电视机和居住空间的崭新关系。
随着电视观众的减少和移动设备的普及，电视机的存在感日渐薄弱。
技术不断进步，电视机随之变得越来越薄，渐渐转移到了墙壁上，
但目前仍未能与墙壁融为一体，还只是一个黑漆漆的平面。
于是，我们将其视为一个立方体，并设法嵌入空间里。
这个方案中的电视机作为一个立方体，采用拟态的方式与周围的
室内装饰同化，融进了空间中。与此同时，
这个电视机仍然可以在空间内展示它的姿态，
高调彰显自己的存在感。虽然位于室内的一角，
但可以接收信息，还可以与其他家电协作，
扮演着生活中枢的角色，发挥各种各样的功能。
通过拟态和姿态，电视机获得了新生，
积极地参与着人类的活动。

可移动墙

可

厨房

8 你的家

TCL ⨯ Crossboundaries

影像制作：细川比吕志（日本设计中心原设计研究所）

面的姿态

客厅和卧室的地板上设置电视机,
造一个虚拟的水面,
映出来回穿梭的鱼的身影。
一姿态展示出了一座假想的水池。

窗的姿态

卧室和客厅的天花板上设置电视机,
为一扇假想的天窗,展现天空的风景。

一边和孩子对话,一边做家务

移动墙壁,创造出一体化的空间

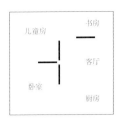

在客厅观看大屏幕(墙面)电视,
爸爸在书房工作

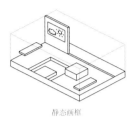

静态画框

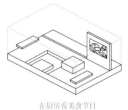

在客厅看电影   在厨房看美食节目

空间结构的变化与姿态

人们对空间的要求因活动内容而异,因此我们设计了一种活动隔断墙,
打造出了一种可灵活应对不同需求的空间结构。只要移动四面活动墙板,
就能将客厅与儿童房连接起来;在卧室周边围上活动墙,便可打造 个私密的空间。
配合或分隔或连接的空间,多功能电视机会展现出从内容视听到空间艺术展示的
多种姿态,还可以作为与社会的连接点、与其他家电联动的载体等。

可移动墙

儿童房

可移动墙

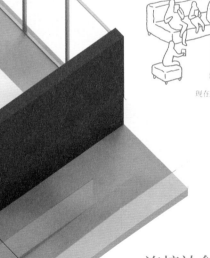

过去

现在

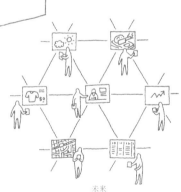

未来

连接社会和人的窗户

过去,电视机前是家人团聚的地方。
如今,显示器和屏幕变得私人化,每个人都各自拥有
一块屏幕。家里的显示器也因此开始扮演新的角色。

生活的无限可能

董灏、蓝冰可
DONG Hao, Binke LENHARDT

Crossboundaries
Crossboundaries成立于2005年，在北京和法兰克福均设有办公室。合伙人董灏和蓝冰可毕业于纽约普瑞特艺术学院（Pratt Institute），并在纽约工作多年。Crossboundaries设计范围较广，代表作有北大附中多所学校、爱慕时尚工厂、家盒子绘本馆（北京、上海、青岛），与西门子、宝马等公司也有长期合作项目。2016年起开始参与HOUSE VISION，并在第十五届威尼斯建筑双年展的"穿越中国——中国理想家"上参展。

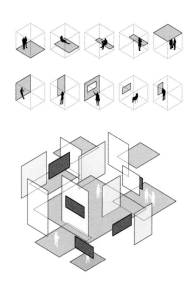

人通过与自己身体的联系来感知周围的事物。在这个家里，人们将通过墙壁、地板、天花板的纵横结构实现用途与行为的相互交融。

今天，与中国城市化进程加速、超级城市群增加相伴而生的，是都市人家庭生活内容的高度同质化。越来越多追求生活品质的个体不愿再忍受自身的个性被压抑的生活。我们希望在未来之家中，将电视机这个物品从一个被人围观的物件进化为一种服务于人和空间的激活装置，强化"以人为核心"的新型居住思想。

Crossboundaries本次将与TCL合作。TCL相信电视机不仅仅是一种提供娱乐的设备，更是一种可通过放映内容与现实空间交互联动，来为空间带来无限可能的装置。它可以成为一个能够满足日常需求的平台，利用人工智能或是我们今天还想不到的方式，来改善家庭生活，也可以成为一个连接互联网及云上内容的门户，让我们在社会经济等多个层面加强与世界的联结。

在场馆里，我们打破了传统的房间间隔，置入4扇可移动的"面板"，与13台电视机巧妙结合，实现了一个在物理和虚拟层面上都相对灵活的空间。我们希望在这个空间里，起居空间的每一个横竖平面都能包含可以进行个性化定制的内容。于是电视机就获得了新的角色——作为交互界面来传递信息、充当私人助理，或是变身娱乐工具、艺术品、日历或最简单的背景墙等，又或者是以上各功能的多种搭配。

我们在场馆的北面和南面均设置了落地玻璃窗，朝向国家体育场，西侧和东侧则设有厚重的实体墙面。这一朝向安排希望能向大众暗示出这所"未来的家"的定位——我们的家将成为一个能将整个世界带到我们面前的载体，也将促使我们与世界更好地相连。于是在未来，现实与虚拟的边界将进一步模糊，最终形成虚实相交的世界。

我们将本次设计的"未来的家"命名为"Infinite Living"（生活的无限可能）。这将是一个蕴含了无限可能性的空间，人们可以透过它看到一个瞬息万变的大千世界。

显示器一边滑动，一边在空间中放映出虚拟的"清明上河图"。
展馆中并不存在的"清明上河图"，通过显示器展现了出来。

8 你的家

电视的未来

张少勇 | TCL电子产品中心总经理兼新兴业务中心总经理兼智能家居业务中心总经理
ZHANG Shaoyong

TCL

TCL电子控股有限公司总部设于中国，从事研发、生产及销售电子消费品，是全球电视机行业的领先企业之一。通过"智能＋互联网"及"产品＋服务"的"双＋"战略，构建以"同时经营产品和用户"为中心的新商业模式，积极构建智能电视机的全生态圈，为用户提供智能产品和服务的极致体验。根据群智咨询数据显示，TCL电子2018年上半年全球电视机销售量市场占有率为11.8%，位列第三。

作为未来智能家居生活的重要角色，智能电视无疑将成为家庭环境中人和外界互联的中心，也是家人坐在一起享受娱乐时光的核心。目前电视产品面临着用户时间的碎片化、视听设备的分散化、技术与场景的分离化这三大挑战。为了应对这些挑战，电视厂商应该从用户时间方案提供商这个本质角度出发，以高品质的显示和影音技术为载体，通过人工智能技术，结合丰富的、多样化的应用场景，为用户创造时间价值。TCL电视作为世界第三的彩电制造企业，肩负着革新电视产品及其他众多智能家居行业的全新使命。

科技创新为我们提供了越来越多的可能性，用户也在家居环境下出现了个性化需求的趋势。电视机早期是客厅里孤立于空间的物体，后来变成了墙壁的依附品，未来的趋势是成为家居的一部分，这点体现了智能家居的发展趋势，也体现了电视机将作为智能导入体枢纽的趋势。

除了最基本的视听功能以外，电视机将成为家居环境中的重要流量入口，实现传达艺术展示、信息资讯、娱乐、教育乃至装饰等功能。在不需要的时候，它可以如变色龙一般隐形，消失在家居环境中。当人走近时，传感器可以让电视机在墙面上显现出来。根据墙的位置，我们可以把家居环境划分出工作空间、娱乐空间、厨艺空间等，电视机也会随着墙面呈现出不同的内容，这就体现了TCL电视在生活中起到的不同作用，即"TCL无处不在"，实现在任何场景下都可以为用户呈现所需个性化内容的目标。

这一理念可谓打破了传统印象中对于电视机单一渠道、单一方向、固定模式、固定内容等方面的刻板印象。在科技发展的背景下，TCL从科技生活和社会发展角度出发，通过与人工智能技术、新型显示技术、物联网技术、5G通信技术等前沿科技相结合，为未来进一步满足用户需求提供强大的助力。全新的交互体验方式能让人更加便捷地去寻找信息、服务，也会让信息、服务更加精准地找到需要它们的人群。

在海景和画面之间移动的孔。在画面中缓缓移动的孔之内，映现出建筑的墙壁和电视机的框架。通过孔的移动，展现了墙壁与框架的"拟态"。产品的设计给影像内容提供了线索与脉络，也提供了电视与建筑之间的相关性。

对着电视说话，就能控制室内的照明、空调等。和AI的对话，产生出用户与社会新的接点。各种各样的机能最终被整合进电视当中，成为生活的中枢。

9 庭园家

汉能╳MAD建筑事务所

这个家通过高效的薄膜太阳能技术实现了能源的自给自足，
利用这种能源技术和一个用硕大的屋顶包裹的空间，
将宛如庭园一般的自然环境纳入生活中。
居住空间用玻璃幕墙隔开，四周的风景在地板上蔓延开来。
大屋顶采用竹钢，形成一个三维曲面，覆盖着太阳能电池，
打造出一部分半室外的空间。屋顶以14根细柱做支撑，
留出了足够的空间，保证内外空气的顺畅流通。
屋顶上安装的233片薄膜太阳能电池会随着太阳的
移动改变方向和角度，实现高效发电，
进而利用产生的能源实现喷雾冷却系统，
再融合室外吹拂而来的微风，创造出一种非均质的舒适感，
更加贴近自然环境，并且富于变化。
各家各户都实现能源自给，这一天距离我们并不遥远了。
该设计来自薄膜太阳能制造商汉能集团
和活动轨迹遍布全球的MAD建筑事务所，
在不久的将来，这将成为一种极其普遍的住宅模式。

三维曲面屋顶

大屋顶采用竹钢，
形成一个三维曲面。为
了获得更高的阳光照射率，
屋顶采用了向南倾斜的设计。

树木的一部分穿过屋顶，露在外面。

像皮肤一样的家

面对外界的不确定因素，人类为了保护自己而去创造舒适的生活环境，家随之进化而来。
随着新技术和建筑的发展，"还可以这样居住"这一挑战精神成了家和住宅进化的动力。
在这个家里，我们利用全新的科技来探索后者的可能性。

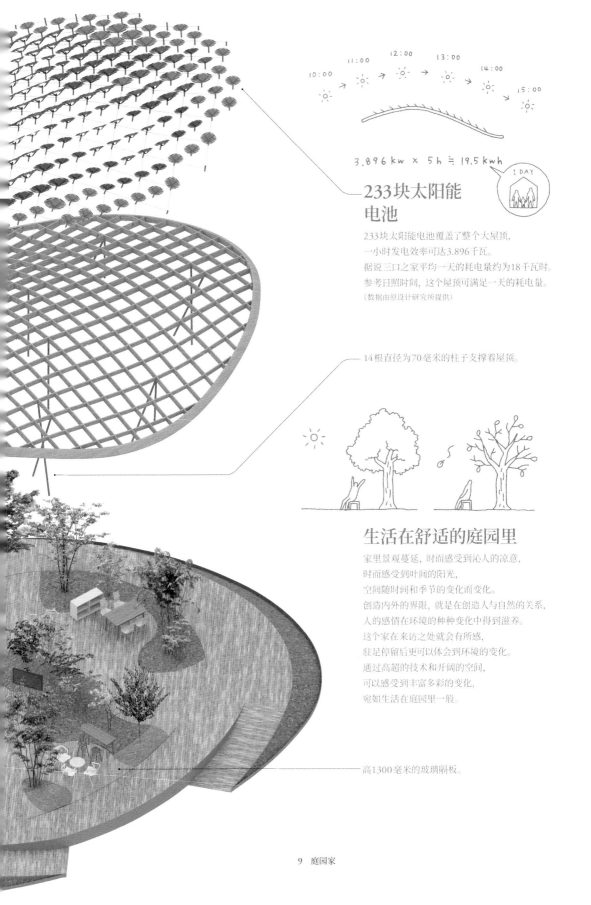

$$3.896\,kw \times 5h \fallingdotseq 19.5\,kwh$$

1 DAY

233块太阳能
电池

233块太阳能电池覆盖了整个大屋顶，
一小时发电效率可达3.896千瓦。
据说三口之家平均一天的耗电量约为18千瓦时。
参考日照时间，这个屋顶可满足一天的耗电量。
（数据由原设计研究所提供）

14根直径为70毫米的柱子支撑着屋顶。

生活在舒适的庭园里

家里景观蔓延，时而感受到沁人的凉意，
时而感受到叶间的阳光，
空间随时间和季节的变化而变化。
创造内外的界限，就是创造人与自然的关系，
人的感情在环境的种种变化中得到滋养。
这个家在来访之处就会有所感，
驻足停留后更可以体会到环境的变化。
通过高超的技术和开阔的空间，
可以感受到丰富多彩的变化，
宛如生活在庭园里一般。

高1300毫米的玻璃隔板。

庭园家

马岩松｜MAD建筑事务所
MA Yansong

MAD建筑事务所

MAD由中国建筑师马岩松于2004年建立，
是一所以东方自然体验为基础和
出发点进行设计，致力于创造可持续并具
未来感、有机并具高科技的国际建筑事务所。
MAD项目丰富多样，遍布全球，
设计种类遍及城市规划、城市综合体建筑、
博物馆、歌剧院、社会住宅、老城改造及
艺术作品等多个方面，分布在北京、罗马、
巴黎、日本以及美国贝弗利山庄等世界各地。
MAD现由马岩松、党群、早野洋介领导，
在北京、洛杉矶和罗马分别设有办公室。

现代人大多都有一个关于"家"的梦想：在远离城市的山明水
秀之地，拥有属于自己的一处小宅，不在乎大小，只在乎是否
舒适顺心。这个貌似避世的梦想，其实浓缩了现代城市需要
面对的两个问题：自然与情感。

自然。以老北京为例，老舍曾经说过，"老北京的美在于建筑
之间有'空儿'"。从小尺度的四合院，到大尺度的有山有水、
有"空儿"的城市中心，建筑与自然、与人们的生活建立起了
完整的联系。这正是老北京有别于世界任何一座城市的独到
之处。无论科技如何先进，都无法取代自然赋予空间的精神性。
它对人们的启发，引发身处建筑中的人们对天地的感悟，实质
是人类为了探求自我而与自己进行的对话。

情感。人们之所以愿意将大量的精力投入到"家"的建设中，
是因为家是我们与家人共同生活、交流感情的地方。情感上亲
密，意识上放松，一切都非常主观、私密。每个人的价值观，
其实也影射在他们的家中——家的设计、布置，人们的生活、
交流方式等。以建筑来类比，那些现代化的、大批量产的，
讲求功能效率最大化、程序规范化、技术优良的房屋，不见得
比旧时候的"寒舍小宅"更优越。那是因为，一切的建造归根
到底是情感的行为。

传统的房屋，墙、屋顶等围合棱角分明，室内外界限清晰。此
次MAD的设计尝试跳出传统的围合概念，将界限消隐，同
时将多层次的自然带进空间。从远处看，设计的主体像是飘
在半空中的"屋顶"，自然的形态及竹钢结构的材质给予人们
有机的感觉。

MAD希望通过这次的创新尝试去表达当今全球对自然环境
的关注，实际是一种价值观的回归。这次实验也希望能启发
思考，在未来的家园、城市中，人们可以通过何种新方向上的
尝试，去同时满足现代城市的更新，以及人们对自然意境的
向往。

生活很容易被绿色包围

刘谦 | 汉能太阳能设计研究院院长

Leo

汉能

汉能薄膜发电集团（Hanergy Thin Film Power Group）是全球优秀的薄膜太阳能企业之一，全球薄膜太阳能产业领导者，致力于"用薄膜太阳能改变世界"。自2009年开始，集团专注于薄膜太阳能领域，多年来积极投入与研发先进薄膜太阳能技术，涵盖技术研发、高端装备制造、组件生产和应用产品开发等全产业链整合，目前已经发展成为全球规模、技术皆领先的薄膜太阳能企业，并颠覆性地创造了"移动能源"产业。

不知从何时起，一座座崛起的高楼大厦和现代化设施令整个城市改头换面，同时将人类捆绑在钢筋水泥之间。快节奏的发展引发了环境污染、噪声污染、食品安全等一系列问题。城市发展与幸福指数就像股市里的两条线，相交却不平行；人与人之间逐渐变得冷漠和浮躁，我们仿佛都成了"装在套子里的人"。于是，重拾身心的平静、放空心灵、返璞归真成为我们迫切渴望的心愿——在适宜的居所与大自然融为一体。

对于习惯了都市生活的我们来说，一下子直面大自然可能无法立即适应，而"庭园家"正是人类与大自然的纽带。汉能的薄膜太阳能技术让人类可以像绿色植物一样直接利用阳光，我们可以理解为这是"人造叶绿素"。从本质上讲，人类进入了移动能源时代，实现了生活与能源、能源与自然之间的互通：可以在太阳能树下遮阳避雨、休闲娱乐，可以在太阳能公路随时停车充电，可以在太阳能屋顶上养护花卉蔬果、为生活供电，可以利用太阳能移动能源产品实现更便捷的出行。

汉能之家采用汉能异形薄膜屋顶组件，充分利用太阳能，将太阳辐射能直接转换成电能，并具备优异的隔热、保温及隔音性能，成为居所名副其实的绿色能源，同时衬托出建筑本身浑然天成的线条设计。汉能的异形薄膜屋顶组件将整个房子打造为一个通透的空间，让居所内的植被自由生长，模糊了自然与室内的边界。每块太阳能组件均可根据太阳能光线调整倾斜角度，以便在太阳光最强的时候吸收足够的能量，而轻质透明膜则起到防雨作用。这间"会呼吸的房子"如繁花似锦的森林，让人很容易沉浸在一片没有喧扰的世界里，享受城市中的一片静谧。

我们从自然中而来，理应回归本源，利用自然赋予的能量为生活添加一份舒适和美好。汉能的薄膜太阳能技术通过汉能之家完美呈现于世人眼前，将都市的大气格局与婉约袅娜的自然生态环境完美结合。它是建筑，也是住宅，是我们编织出的关于美好未来的真实梦境。

右页：内部是一居室，被硕大的屋顶包裹着。阳光产生的能源转换为喷雾系统和空调所需的电力。

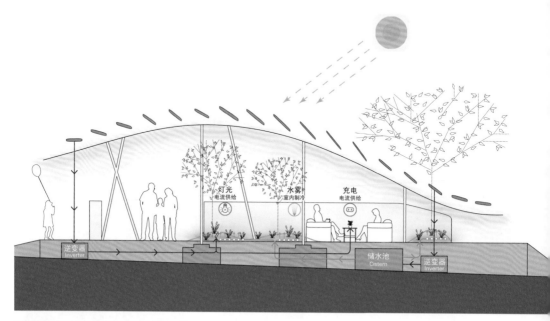

汉能的屋顶不仅可以将阳光直接转化为电能，
还具备优异的隔热、保温及隔音性能。
太阳能发电产生的能源可用于喷雾冷却系统、室内照明和生活用电。

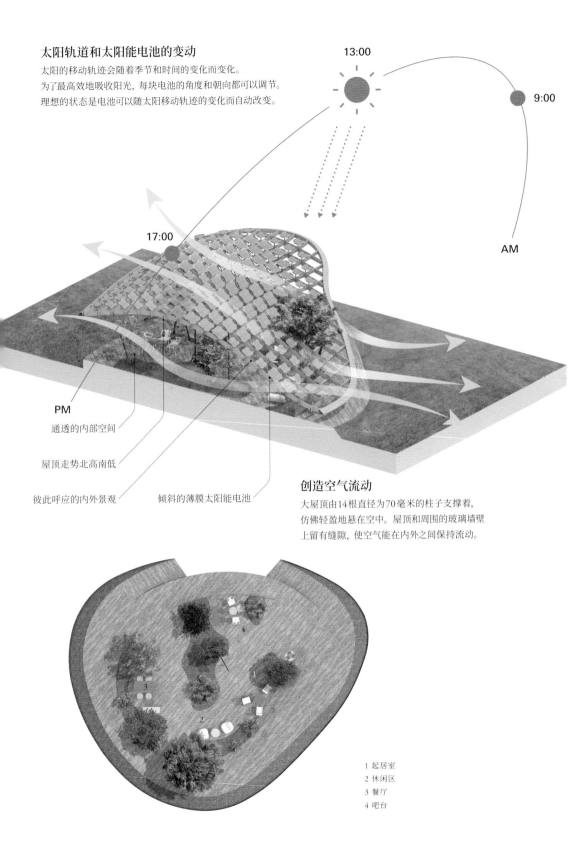

太阳轨道和太阳能电池的变动

太阳的移动轨迹会随着季节和时间的变化而变化。
为了最高效地吸收阳光，每块电池的角度和朝向都可以调节。
理想的状态是电池可以随太阳移动轨迹的变化而自动改变。

13:00

9:00

AM

17:00

PM

通透的内部空间

屋顶走势北高南低

彼此呼应的内外景观

倾斜的薄膜太阳能电池

创造空气流动

大屋顶由14根直径为70毫米的柱子支撑着，
仿佛轻盈地悬在空中。屋顶和周围的玻璃墙壁
上留有缝隙，使空气能在内外之间保持流动。

1 起居室
2 休闲区
3 餐厅
4 吧台

10 城市小屋

MINI LIVING Urban Cabin×孙大

MINI不仅造车，还在探索生活方式。

尽管只有15平方米，MINI LIVING Urban Cabin城市小屋
却不放弃对生活品质的追求。它由三部分组成：前两个部分是模块化单元，
其中一个做卧室与起居室，另一个是厨房与卫生间，这两部分由
MINI LIVING德国总部团队设计，预示了未来MINI LIVING落地的多样化空间
与功能，"致力于诠释独特的共享居住空间，通过开放、最大化公共空间的方式，
营造一种真实的社群意识"。第三部分是体现地域特色的实验性空间——MINI
将其定义为"留白"，由Urban Cabin城市小屋展示所在地的受邀建筑师孙大勇
赋予其主题。MINI汽车小中见大，创造性地使用空间的设计语言，
体现在Urban Cabin城市小屋的每一处细节中：舷窗、移门和翻转搁架等结构，
让日常交流与夜晚生活得以灵活切换。同时，建筑师孙大勇为其配备了潜望镜，
向外延伸，把室外景色收入囊中。这一设计贯彻了MINI LIVING的
另一个基本理念——保持开放并成为所在社区的有机组成部分。
此展馆采用"借景"的造园方式，一边眺望城市景观，
一边追忆我们的童年和城市的历史。可以说，Urban Cabin城市小屋
为人们提供了一种前所未有的新视角。

6个望远镜

公共客厅上方设有6个观景窗，
下面设有秋千，可以抬头眺望远方的
风景。相对传统的平面的胡同，
此次用立体结构来设计住宅。

四合院的再生

在四合院中，中庭是家人休息的地方。改革开放以后，
随着人口向城市聚集，四合院被分售出去，几户人家同住一院。
中庭里、屋顶上都被毫无秩序地增建、改建，令原本宽敞的庭院变成了狭窄的通道。
如今，人们多从胡同移居，那些增建的房屋几乎空无一人。
孙先生认为，那些增建物也是历史的一部分，是人们生活过的痕迹，
应该保留下来。因此，他设想将空房改造成具备公共功能的建筑。

  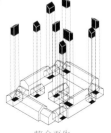 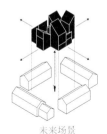

传统四合院   增建后   整合再生   未来场景

2个反射

1.物理反射（作为一面镜子，映照物象的功能）
2.精神反射（回望过去和回忆的功能）
为了不让儿时在四合院玩耍的记忆同街道一起消失，
而以有形的方式将其保留下来，这种创意即反射。
用物理反射剪辑城市的风景，回望自己的过去与城市的历史。
打造整合了望远镜和万花筒两种功能的天窗。

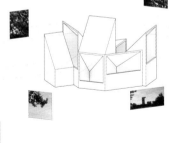

公共客厅

正如其名，白天是开放的公共空间，
夜晚拉上窗帘后即变成自家客厅。
卧室里的床，白天可搬到外面作公用家
具，晚上可搬回屋内以作寝具。

望远家

孙大勇
SUN Dayong

孙大勇

建筑师，2005年毕业于吉林建筑大学。
曾工作于北京和柏林。2012年以研究生
第一名成绩毕业于中央美术学院建筑学院。
2013年创立penda/槃达建筑事务所。
坚持生态绿色设计理念，提出"少即是爱"
的观点。作品受到国际媒体广泛报道，
代表作品鸿坤美术馆被*Time out*杂志评为北
京最值得关注十家美术馆之一。
同时获得多项国际奖项，2016年被美国
Architizer A+ Awards评为"年度最佳
新锐建筑事务所"，2015年和2017年两次入
选AD100最有影响力的中国设计师榜单。
2018年作为国际竞赛Evolo中国评委。
2018年作为十人中最年轻的建筑师
受邀参加首届CHINA HOUSE VISION
探索家——未来生活大展。

家作为构成社会的基本单元，既反射着城市的过去与未来，
也反射着个体生活情感。胡同是北京人的生活空间，在过去
的城市发展中，随着人口的增长，四合院的空间不断被人为扩
建，自然空间被压缩得越来越小，传统的建筑形式和临时搭
建的棚屋混合成了一种全新的城市肌理。未来随着人口老龄
化和年轻家庭成员的外迁，胡同空间将越来越多地被空置。
如何面对这些临时搭建的棚屋，是对胡同未来空间规划的新
课题。与此同时，随着城市的快速发展，很多个体记忆也在
慢慢消失。我们儿时在胡同中荡秋千、弹弹珠的场景，也已
经一去不复返了。

作为建筑师，我希望能保留住胡同在历史发展中留下的印记，
因为它们承载了城市发展的历史和个体的生活经历。我们通
过找回七巧板、万花筒、秋千等儿时的玩具，利用它们的特
点，放大它们的尺度，让它们融入公共空间，不仅为人们提供
新的使用空间的方式，还让人们从中找回童年的记忆。在我
们的设计中，固定的MINI Cabin以开放的形式向外敞开，转
角处作为一个开放的空间，为游客提供休息、交流和体验的
功能。根据"鸟巢"的方向和树木的方向，场地中转角的空间
由多个观景窗组成。在空间内部一抬头，就能看到周围的环
境以及"鸟巢"和树木交织在一起的图像，就像是小时候玩的
望远镜和万花筒。我们还在观景窗下面设置了秋千，让人们一
边坐在秋千上晃动，一边仰望上面的动态图像。

在传统的胡同里，人们习惯了水平视线的欣赏，而在这种新的
空间中，人们有机会通过垂直向的角度欣赏周围的环境。我
希望用这样的方式让参观者体验到那些曾经生活在杂乱的四
合院屋顶上临时搭建的棚屋内的人们的视角，让人们看见远
方的同时也能看到过去。如果未来"望远家"真的能够在现实
的胡同中建成的话，它一定能是一个老少皆宜的场所，既能让
老人们坐下来静静地回忆过去，也能让小孩子在天真无邪的
玩耍中畅想未来。

孙大勇的概念草图

MINI LIVING Urban Cabin：大生活，小脚印

MINI

MINI

MINI

1959年，为应对燃油短缺，
第一辆Mini应运而生。它成为一个
设计经典：从外形到驾驶体验，
再到其便利性，都充满了对人的关注。
然而我们的目光并不局限于汽车制造。
对于MINI来说，城市应该作为一个整体
来思考——用最少的资源，提供最丰富的
体验。通过MINI LIVING，
我们大胆颠覆都市空间的使用方式，
而全球第一个MINI综合地产项目
也将于明年亮相上海。

MINI LIVING Urban Cabin是在
世界各地建造的临时建筑，
本住宅就是该系列的北京版本，
所以前提条件是使用该系列的标准单元。
负责这个单元的是MINI LIVING团队，
孙先生则负责空白空间。

尽管只有15平方米，MINI LIVING Urban Cabin城市小屋
却丝毫不会牺牲生活品质。

它由三部分组成：前两部分是模块化单元，其中一个是卧室与
起居室，另一个是厨房与卫生间，这两部分由MINI LIVING
德国团队设计。第三部分是体现地域特色的实验性空间——
MINI将其定义为"留白"，由Urban Cabin展示所在地的受邀
建筑师赋予其主题。MINI汽车小中见大、创造性使用空间的
设计语言，体现在Urban Cabin的每一处细节中：舷窗、移门
和翻转搁架等结构让日间的交流与夜间的个人生活之间实现灵
活切换，同时装置向外延伸，这也贯彻了MINI LIVING的另
一个基本理念——保持开放并成为所在社区的有机组成部分。
Urban Cabin北京的受邀中国建筑师孙大勇在"留白"空间中，
植入了老北京建筑中最重要且独特的元素——胡同。胡同中的
建筑为人们提供了私密的独立生活空间，过道和院落在为居民
提供公共交流空间的同时，也赋予了人们紧密的情感联系。但
是，随着城市快速发展和人口结构的变化，胡同的肌理也发生
了改变，院落的公共空间中自发生长了无数新的临时空间结构。
面对未来的城市发展，如何对待这些新的胡同肌理，成为建筑
师孙大勇的思考。在本次展览中，Urban Cabin部分就像是胡
同中的实体，为人们提供灵活多变的私人生活空间的同时，也
预示了未来MINI LIVING多样化空间与功能的落地。"我们
一直致力于诠释独特的共享居住空间，想要通过开放、最大化
公共空间的方式，营造一种真实的社群意识。"MINI全球品牌
战略与业务创新主管埃斯特·巴内（Esther Bahne）表示，"对
MINI而言，诸如Urban Cabin这样的装置是拓展'空间创意
使用'新可能的重要机会。现如今，我们正将所学所得付诸实
践，注入到落地项目当中。我们在上海打造的MINI全球首个
集社交、工作、居住等多重空间于一体的地产项目，也将于2019
年上半年开放。"作为MINI LIVING建筑理念与设计灵感的
集中体现，城市小屋系列也是MINI LIVING实现"地球村"
概念的创新尝试，更为未来的都市生活描绘了一幅清晰的蓝图。

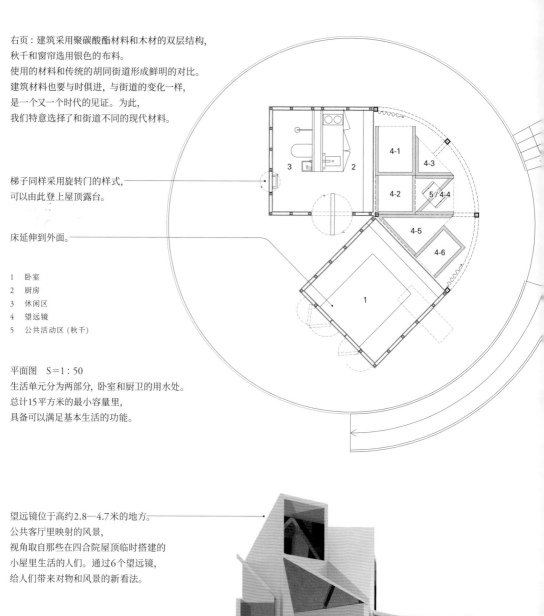

右页：建筑采用聚碳酸酯材料和木材的双层结构，
秋千和窗帘选用银色的布料。
使用的材料和传统的胡同街道形成鲜明的对比。
建筑材料也要与时俱进，与街道的变化一样，
是一个又一个时代的见证。为此，
我们特意选择了和街道不同的现代材料。

梯子同样采用旋转门的样式，
可以由此登上屋顶露台。

床延伸到外面。

1　卧室
2　厨房
3　休闲区
4　望远镜
5　公共活动区（秋千）

平面图　S＝1：50
生活单元分为两部分，卧室和厨卫的用水处。
总计15平方米的最小容量里，
具备可以满足基本生活的功能。

望远镜位于高约2.8—4.7米的地方。
公共客厅里映射的风景，
视角取自那些在四合院屋顶临时搭建的
小屋里生活的人们。通过6个望远镜，
给人们带来对物和风景的新看法。

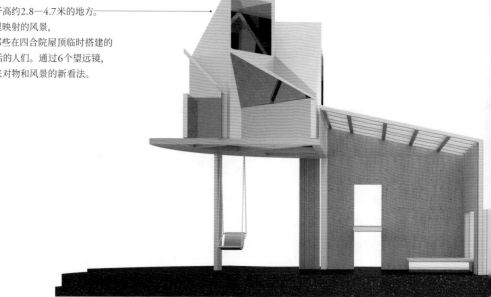

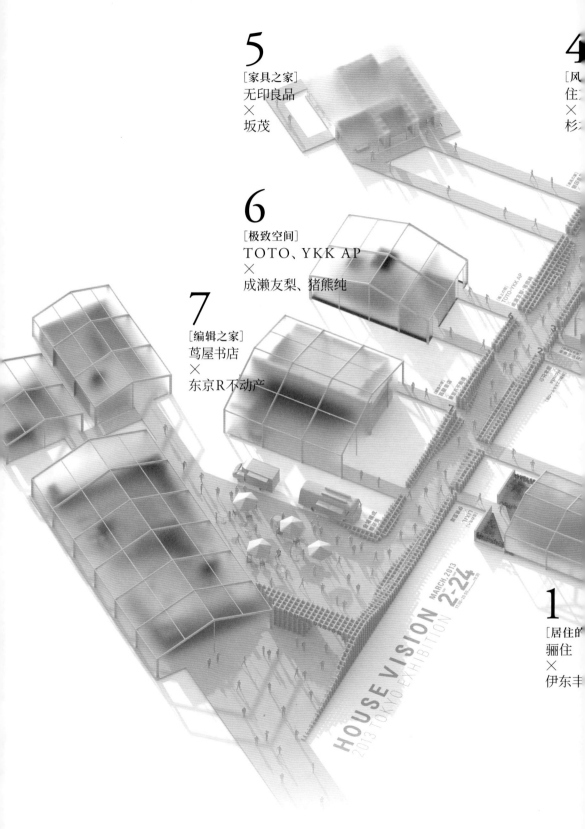

5
［家具之家］
无印良品
×
坂茂

4
［风
住
×
杉

6
［极致空间］
TOTO、YKK AP
×
成濑友梨、猪熊纯

7
［编辑之家］
茑屋书店
×
东京R不动产

1
［居住的
骊住
×
伊东丰

HOUSE VISION
2013 TOKYO EXHIBITION
MARCH 2013
2~24

2013

HOUSE VISION
2013 TOKYO EXHIBITION

以新常识构筑家

HOUSE VISION是一项通过企划协调，让企业、建筑师和设计师联手，以1:1的比例具体呈现新型家居存在形式的尝试。

HOUSE VISION 2013东京展的主题是"以新常识构筑家"。曾经的制造业典范从生产被称为"三种神器"的单件工业产品时代渐渐朝凝聚生活智慧的方向发展，在思考着如何自然并最大限度地挖掘成熟年龄层的知性和经济实力的同时，对居住形式也进行了深入的探究。

为期23天的展会共吸引了34000名观展者前来参观。每天举办的论坛活动全部座无虚席，有很多观众只能站着聆听，通过40位建筑师及各领域专家，包括参展企业代表的登台分享，如实了解了日本的现状与未来。

HOUSE VISION项目跨出以往单纯围绕建筑领域的讨论，而是从社会与个人、企业与普通民众的角度激发出一种"用自己的双手建造家园"的主观能动性。期待能通过展会给人们带来对生活家居的"细微觉醒"，实现住宅作为"综合性产品"的产业扩张目标。

也许是巧合，近来类似"编辑之家"展馆那种完全由居者本人构思并亲手打造的家居，以及建筑师参与的增改建项目猛增。目前，翻新改造已悄然成为日本住宅产业的新主流。

[域社会圈]
来生活研究会

本理显、末光弘和、仲俊治

2
[出行与能源之家]
本田
×
藤本壮介

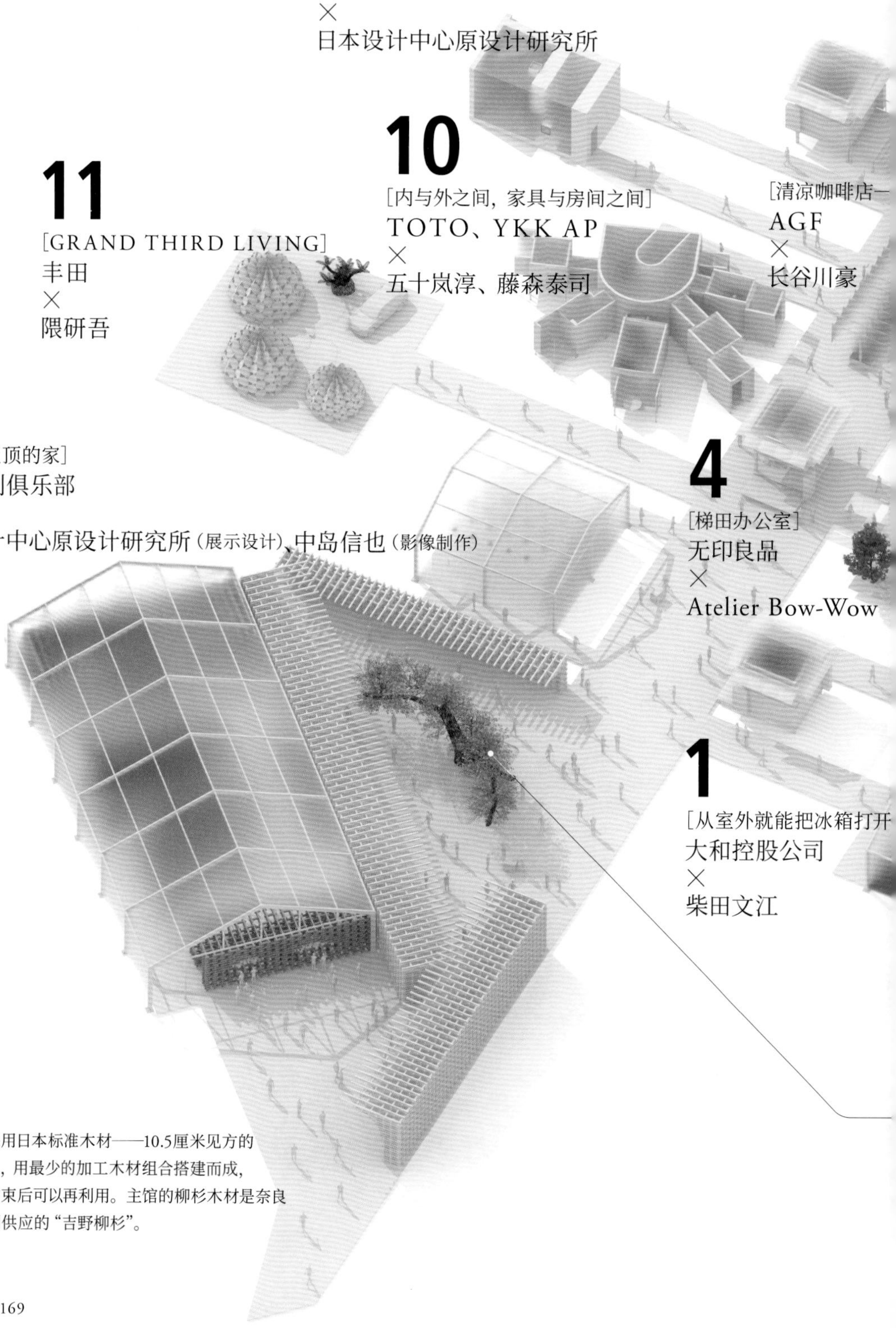

9
［木纹之家］
凸版印刷
×
日本设计中心原设计研究所

10
［内与外之间，家具与房间之间］
TOTO、YKK AP
×
五十岚淳、藤森泰司

［清凉咖啡店—
AGF
×
长谷川豪

11
［GRAND THIRD LIVING］
丰田
×
隈研吾

12
［带信号屋顶的家］
文化便利俱乐部
×
日本设计中心原设计研究所（展示设计）、中岛信也（影像制作）

4
［梯田办公室］
无印良品
×
Atelier Bow-Wow

1
［从室外就能把冰箱打开
大和控股公司
×
柴田文江

会场采用日本标准木材——10.5厘米见方的柳杉木，用最少的加工木材组合搭建而成，展览结束后可以再利用。主馆的柳杉木材是奈良县特别供应的"吉野柳杉"。

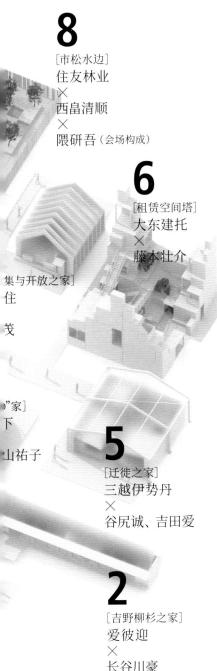

2016

HOUSE VISION 2
2016 TOKYO EXHIBITION

分而和，离而聚

时隔三年又迎来了HOUSE VISION 2 2016东京展，本届主题为"分而和，离而聚"。当下，社区和家庭已经分裂到无以复加的程度，人口持续减少，少子老龄化进一步加重，同时技术也在不断被细分。针对以上诸多当代课题，以及如何在新环境下对建筑重新整合，本届展览上提出了具有建设性的观点。在展会期间每天超过50场的研讨会上，社会学家、哲学家、比特币的发明者、建筑师、设计师、自治体职员、教育工作者、企业经营者、工程师、农水省及国交省、农业企业、旅馆业主等等融汇不同领域的观点，从不同角度针对前面提到的课题进行了讨论。之所以产生这些讨论，正是人们已经切实感受到"家"作为我们思考社会和世界以及未来诸多问题的共享平台，正发挥着巨大的作用。

展览的最后一天，入场人数破纪录超过了5000。展会期间，参观人数与日俱增，特别是看到众多年轻人拥挤着参展的场面，主办方感到无比兴奋和骄傲。第二届展览的最大特点是，从一开幕就吸引了众多海外媒体前来采访。结果，来自海外的参观者占比相当高。

为了表现人与植物远古以来的悠久关系，提醒人们从人类与植物的关系出发，思考幸福的所在，住友林业绿化与植物标本采集人西畠清顺率领的"天空植物园"，在广场入口配备了一棵树龄达上千年的古橄榄树。

口，为了表现人与植物远古以来的
系，提醒人们从人类与植物的关系出发，
福的所在。住友林业绿化与植物标本采集人
顺率领的"天空植物园"，
备了一棵树龄上千年的古橄榄树。

CHINA HOUSE VISION的历程

土谷贞雄
TSUCHIYA Sadao

土谷贞雄

生于1960年。1985年完成日本大学
建筑学科大学院修士课程，
之后留学意大利罗马大学，并在罗马、
那不勒斯从事设计工作，1989年回到日本。
曾在建筑总包公司积累实务经验，
2004年入职良品计划集团公司MUJI.NET(现
MUJI HOUSE)，2007年任公司董事，2008
年离职后，以生活调查为主为众多企业的
研究所及产品开发部门提供业务支持。
2010年参与启动HOUSE VISION项目，
负责筹划协调。在推动亚洲各地的
HOUSE VISION活动中，
围绕当地的生活调查，联手企业、
建筑师及研究人员不断摸索
各国的社会问题的解决方案。

在HOUSE VISION的活动中，企业和建筑师一同探索着十年后的未来。距离2010年在日本发起活动已经8年了，现在到了思考下一个十年的时候。追寻时光轨迹，回到活动发起的那一年，当时的十年后正是现在。那时构想的未来和当下的现实是一致的吗？还是有所不同呢？在即将举办HOUSE VISION中国展之际，我陷入了深思。在我们进驻中国的7年间，这个国家已经发展为世界领先的经济大国，并且掌握了最先进的科学技术，以无出其右的速度发展着经济，宏图之志不输世界上任何其他国家，如今正在向世界巅峰攀登。在这样的国情背景下，HOUSE VISION对于这个国家来说具有怎样的价值呢？这是我们不得不思考的问题。诚然，中国迄今为止追求的模式都是其他国家实践过的，然而从到达世界巅峰的那一瞬间开始，一切就要另当别论了。这是因为，中国必须亲自创造一种全新的模式。

商业模式、经济模式、社会模式、意识模式

未来的模式究竟是什么呢？至今为止，中国所说的模式大多指商业模式，但是商业模式是建立在经济模式之上的，而经济模式又是建立在社会模式之上的，再上层是思想、理念等意识模式，它支撑着社会模式。HOUSE VISION的展馆与实物是等大的，因此可能有人认为这里展示的是住宅形式和技术形态。但是，同时我们也在通过各种各样的办法，以有形的方式展示上述意识模式。回首往昔，无论是2010年的构思，还是2013年东京展上的展馆，我们都没有将其策划成具体的商品，它们也没有演变成实际的服务。但是，既然HOUSE VISION的目的在于探索意识模式，那么它至少对参展企业和观展者的意识模式带来了一定的影响，从而促进了意识和发现的觉醒。从这一点来看，正因为当下中国处于剧烈的变化之中，举办这项活动才更具深刻的意义。

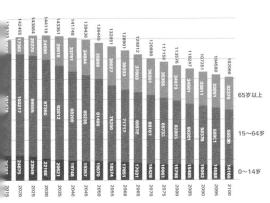

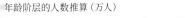

65岁以上

15～64岁

0～14岁

年龄阶层的人数推算（万人）
源：World Population Prospects, the 2017 Revision

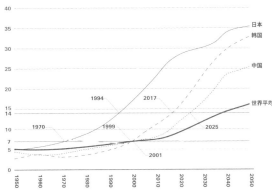

日本
韩国
中国
世界平均

中日韩三国老龄化比例（%）
数据来源：World Population Prospects, the 2010 Revision

HOUSE VISION
in CHINA

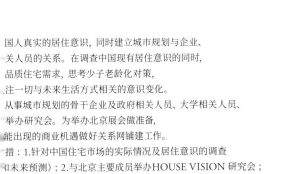

国人真实的居住意识，同时建立城市规划与企业、

关人员的关系。在调查中国现有居住意识的同时，

品质住宅需求，思考少子老龄化对策，

注一切与未来生活方式相关的意识变化。

从事城市规划的骨干企业及政府相关人员、大学相关人员、

举办研究会。为举办北京展会做准备，

能出现的商业机遇做好关系网铺建工作。

措：1.针对中国住宅市场的实际情况及居住意识的调查

和未来预测）；2.与北京主要成员举办HOUSE VISION 研究会；

会（武汉）；4.HOUSE VISION论坛。

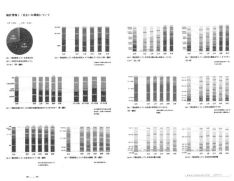

以土谷贞雄及日本设计中心原设计研究所为核心，HOUSE VISION执行委员会自2010年起开展活动

第1次研究会
2011年12月22日

第1次论坛
2012年3月2日

第1次论坛
2012年3月2日

2011年夏季，HOUSE VISION 在中国拉开序幕

中国HOUSE VISION始于2011年夏季，与日本HOUSE VISION的启动相差半年时间左右。那时，日本经济已经进入了衰退期，停滞不前。面临着人口减少、老龄化和由此带来的经济衰退等问题，与此同时人口仍不断向城市集中，种种问题渐渐浮出水面。虽然其他亚洲国家现在处于经济增长期，但在不久的将来，也可能面临同样的问题。为了规避这些问题，各国的杰出人士正在规划着未来的蓝图。我认为，能够与他们一同交流思考，是一件很有意义的事。

迄今为止，HOUSE VISION已在印度尼西亚、泰国、马来西亚、越南、中国、韩国开展活动，其中在中国的活动耗时最长，投入的精力也最多。距离发起这项活动已有7年之久，现在终于迎来了展示成果的时候。

对于中国，我的第一印象是她拥有13亿人口，这个数字极为庞大，此外广阔的国土面积以及迅猛的经济发展速度都给我带来了巨大的冲击。作为一个外国人，中国朝气蓬勃的景象令我心潮澎湃。当然，她也面临着诸多日本曾经历过的城市问题，例如城市人口激增、人口老龄化等。针对住宅供给不足和地价暴涨的问题，中国政府在第十二个五年计划（2011—2015年）中提出将提供3600万套保障性住房。这一天文数字是其他国家史无前例的，但结合中国辽阔的国土和庞大的人口基数来看，也是合情合理的。"二战"后，日本在经济发展过程中也经历过这种城市住宅的问题，并且已经成功地渡过了难关。所以，在活动初期，我思考能否将日本的经验应用到中国的环境当中？但是，随着活动的推进，这一想法渐渐发生了改变。现在，我认为不应在中国采纳日本的经验，而应该更加贴近中国国情，与中国的企业以及建筑师们一同构思未来、探索未来。

市会|米兰世界博览会
5月21日

A HOUSE VISION 东京研究会
7月7日

A HOUSE VISION 东京研究会
7月7日

A HOUSE VISION 东京研究会
7月7日

然后，基于探索的结果，再反过来思考日本的未来。

研究的开端

活动初期，我们调查了中国人的生活方式。中国幅员辽阔，全国各地的气候、文化、风土人情都各有特色，因此我们首先选择了北京、上海、武汉、广州、成都五个城市，进行了问卷调查和实地考察。之后又前往各地体验了气候、食物和风土人情上的差异，认识到针对差异来思考生活方式，具有无限的可能性。如果世界各国的近代化都朝着相同的方向发展，那么我们选择与众不同的方式，把焦点放在亚洲人的生活上，结合亚洲的气候、风土人情、各地的文化来描绘未来生活的蓝图，其中一定潜藏着非比寻常的可能性。

2012年3月，我们在北京进行了为期半年的调查，并与中日两国的建筑师和研究人员共同举办了论坛。此后活动仍在继续，2013年3月完成第一次东京展之后，我们再次把主要精力投入到了中国，通过各种机会展示日本的成果，同时不断扩展在中国的活动网络。研究会由建筑师——张永和负责，核心成员包括王昀、王辉、周燕珉、梁井宇。此后，在2014年秋季，我们有幸与北京国际设计周的负责人——孙群先生相识，在他的支持下，活动进展得非常顺利，而且每个月都会举办例行的公开讲习会。我们还邀请了其他城市的建筑师，把活动网络扩展到了上海、深圳、杭州、南京和香港。继2015年5月在意大利米兰举办了CHINA HOUSE VISION 的推广活动之后，我们开始走出中国，向世界舞台迈进。

第4次论坛（2016年1月）

自米兰发布会之后，我们正式开始与建筑师合作，同时还邀请了各个领域的企业。历经多次深度讨论之后，我了解到建筑师

第3次论坛
2015年9月24日

第3次论坛
2015年9月24日

CHINA HOUSE VISION研究会
2015年11月25日

CHINA HOUSE VISION座谈会
2015年11月25日

们对中国社会问题的关注有很多不谋而合的地方。对此，我分为2个角度和3个方向进行了梳理，最后总结为10个主题。

2个角度——

1. 紧凑型住宅。
2. 公共与私人的界线。

3个方向——

1. 如何使用高科技？
2. 是自己独有住宅或物品，还是与他人分享？
3. 是否有必要与社区共存？
    还是应该更崇尚个体化的生活方式？

由于中国住宅供应紧张、地产价格飙升，购买住宅变得愈加困难。于是，众多建筑师开始思考，如何在一个紧凑的住宅里生活？如何才能在紧凑的空间里实现丰富多彩的生活方式？既然住宅面积缩小了，那么就要与外部的公共空间连接起来，如此一来，公共空间和私人空间的界线就成为一个重要的课题。为了一一解决上述课题，我们筛选了候选企业的类别，然后开始与各家企业进行实际接触。

①针对环境污染，融合有效的技术、材料和服务（建材厂家）。②把乡村生活作为一种可持续的生活方式，探索无须使用能源的生活方式（地方政府和开发商）。③像设计酒店一样设计住宅（酒店企业）。④没有汽车的生活（自行车和健康产业）。⑤自动驾驶时代的生活（汽车厂家）。⑥巧用小小的多功能的家，共享生活（应用互联网、家具厂家、住宅设备厂家）。⑦共享机制（开发商）。⑧思考"内"与"外"的关系——中间领域、窗户、墙壁的形态（建材厂家）。⑨老龄人口的生活与地方援助体系（开发商）。⑩通过住宅思考护理问题（医疗、机器人产业）。

F. VISION 2 2016 TOKYO
BITION 亚洲日
8月12日、17日

E VISION 2 2016 TOKYO
BITION 亚洲日
8月12日、17日

展览 | 威尼斯双年展
5月26日—9月23日

展览 | 威尼斯双年展
5月26日—9月23日

13位建筑师对这10个主题制作了方案，并于2016年1月公布了各自的成果。2016年6月，我们在威尼斯举办了模型展览。

与GWC长城会的邂逅

在威尼斯展结束后，我们把部分精力转回了日本（2016年8月）。与此同时，在中国的活动仍在继续，而且日本HOUSE VISION还成立了"中国日"。中国的建筑师和企业都参与了这些活动，因此促进了此后中国活动的开展。

之后，我们于2017年1月将上述建筑师的方案整理成册，并举办了出版纪念会。万事俱备，本应正式开始为展览做准备的时候，我们却陷入了困境，关于展览会场的协商非常困难，而且很难说服赞助商。这时，我们邂逅了长城会。该公司总部位于北京，是一家平台型企业，以IT公司为核心组织研究会，还组织了很多大型活动。与长城会的邂逅让我们认识了众多新企业，合作企业的数量与2011年活动之初已经不可同日而语了。

之后的一年比较顺利，2017年12月，展览的时间和赞助商已经落实，建筑师们也开始创作各自的方案。会场设计也确定下来，可谓万事俱备，只欠东风了。2018年4月28日，我们举办了建筑师基本方案的发布会，接下来是搭建会场。会场于6月下旬开工，各个展馆则从7月初开始搭建。

历时7年的HOUSE VISION

活动发起后的7年间，我时常来中国。尤其是这两年，我几乎每周都往返于东京和北京之间，一年中有半年以上的时间都生活在中国。这7年来，中国社会发生了翻天覆地的变化，经济活动的主角由房地产业转变为以百度为代表的平台型商业模式。如今，如果开发商只是单纯地买地、建房、卖房，那么

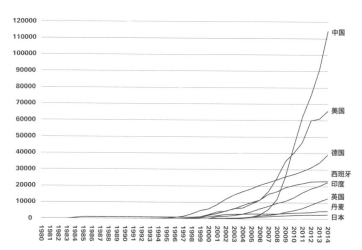

世界各国风力发电累积引进数的发展变化（兆瓦，累积设备容量）

数据来源：Global Wind Energy Council

它的发展已经到达极限，于是出现了利用不动产来提高收益的存量模式，还有人通过旧房改造转变房屋的用途。

另外，工作方式也开始改变。年轻人对创业产生兴趣，在一些大城市里，催生出很多大规模的共享工作空间，风投公司的运作资金高达日本的10倍。留学归来的工程师获得了可以大展拳脚干事业的土壤。此外，向新技术和自然能源的转型也在如火如荼地进行，这种迅雷不及掩耳的速度是史无前例的。转眼之间，街上的人都在用手机支付，无论在任何一个城市都能看到共享单车的影子。除此之外，还诞生了很多语音设备公司，威风凛凛地与世界顶尖的公司进行正面交锋。对太阳能发电和风力发电的投资也很活跃，新能源的发电量已经占到整体发电量的一成以上，风力发电量已跃居世界第一。

（注：中国宣布在2050年之前，通过可再生能源供给60%以上的一次能源。）

展览会之后的下一步

中国的规模之大、发展速度之快，于我是一种前所未有的体验。正是中国人勇往直前和不惧失败的精神，也或者是政治和经

全体总会
2018年2月1日

全体总会
2018年2月1日

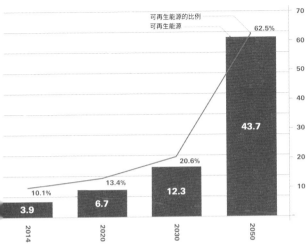

可再生能源的比例
可再生能源   62.5%

70
60
50
43.7   40
30
20.6%   20
13.4%   12.3   10
10.1%   6.7
3.9

2014   2020   2030   2050

能源在中国一次能源供应中的占比（亿吨标准煤）
050年之前，实现可再生能源占一次能源总体的60%以上。
源：国家可再生能源研究中心（CNERC）

总会
年2月1日

总会
年2月1日

济构成的社会体系加快了发展的步伐。由于工作方式的改变和风投资金的扩张，共享工作空间随处可见。转眼之间，共享单车遍地开花，走进街头的任何一家小店，都可以用手机支付。此次HOUSE VISION希望向世人展示这种社会动向，同时勾画出一副朝气蓬勃的蓝图。

对我们来说，展览只不过是其中一环而已。如何创造未来社会的理想状态？中国文化将催生出何种前所未有的生活方式？希望HOUSE VISION可以促进人们观念意识的改变。通过展览和大家一同畅谈未来，推动今后活动的开展，这是HOUSE VISION真正的意义所在。展览迫在眉睫，现在我感觉非常紧张。但与此同时，我的思绪已经飞向展览结束之后，甚至已经飞向下一场展览了。

CHINA HOUSE VISION 的轨迹

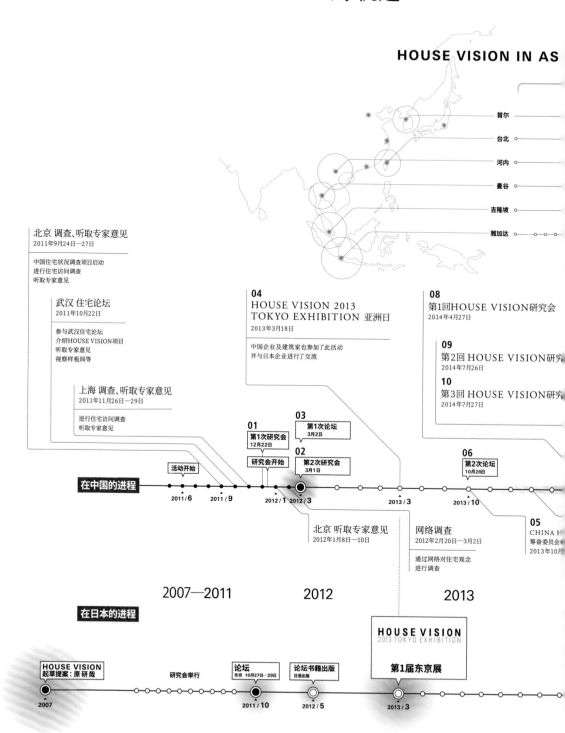

HOUSE VISION IN AS

首尔
台北
河内
曼谷
吉隆坡
雅加达

北京 调查、听取专家意见
2011年9月24日—27日

中国住宅状况调查项目启动
进行住宅访问调查
听取专家意见

武汉 住宅论坛
2011年10月22日

参与武汉住宅论坛
介绍HOUSE VISION项目
听取专家意见
视察样板间等

上海 调查、听取专家意见
2011年11月26日—29日

进行住宅访问调查
听取专家意见

04
HOUSE VISION 2013
TOKYO EXHIBITION 亚洲日
2013年3月18日

中国企业及建筑家也参加了此活动
并与日本企业进行了交流

08
第1回HOUSE VISION研究会
2014年4月27日

09
第2回 HOUSE VISION研究
2014年7月26日

10
第3回 HOUSE VISION研究
2014年7月27日

03
第1次论坛
3月2日

01
第1次研究会
12月22日

研究会开始

02
第2次研究会
3月1日

06
第2次论坛
10月26日

活动开始

在中国的进程

2011/6　　2011/9　　　2012/1　2012/3　　　　2013/3　　　2013/10

北京 听取专家意见
2012年1月8日—10日

网络调查
2012年2月20日—3月2日

通过网络对住宅观念
进行调查

05
CHINA H
筹备委员会
2013年10月

2007—2011　　　　2012　　　　　2013

在日本的进程

HOUSE VISION
起草提案：原研哉
2007

研究会举行

论坛
东京 10月27日—29日
2011/10

论坛书籍出版
日语出版
2012/5

HOUSE VISION
2013 TOKYO EXHIBITION
第1届东京展

2013/3

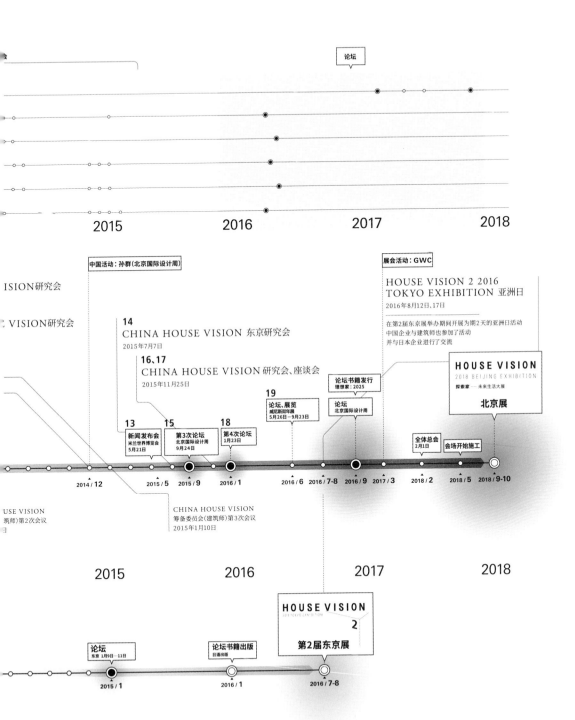

論坛

2015　2016　2017　2018

中国活动：孙群（北京国际设计周）

展会活动：GWC

HOUSE VISION 2 2016
TOKYO EXHIBITION 亚洲日
2016年8月12日、17日

在第2届东京展举办期间开展为期2天的亚洲日活动
中国企业与建筑师也参加了活动
并与日本企业进行了交流

ISION研究会

VISION研究会

14
CHINA HOUSE VISION 东京研究会
2015年7月7日

16、17
CHINA HOUSE VISION 研究会、座谈会
2015年11月25日

论坛书籍发行
理想家：2025

HOUSE VISION
2018 BEIJING EXHIBITION
探索家——未来生活大展

北京展

19
论坛、展览
威尼斯双年展
5月26日～9月23日

论坛
北京国际设计周

13
新闻发布会
米兰世界博览会
5月21日

15
第3次论坛
北京国际设计周
9月24日

18
第4次论坛
1月23日

全体总会
2月1日

会场开始施工

2014 / 12　2015 / 5　2015 / 9　2016 / 1　2016 / 6　2016 / 7-8　2016 / 9　2017 / 3　2018 / 2　2018 / 5　2018 / 9-10

USE VISION
筑师)第2次会议
日

CHINA HOUSE VISION
筹备委员会(建筑师)第3次会议
2015年1月10日

2015　2016　2017　2018

HOUSE VISION
2016 TOKYO EXHIBITION
2
第2届东京展

论坛
东京 1月9日～11日

论坛书籍出版
日语出版

2015 / 1　2016 / 1　2016 / 7-8

CHINA HOUSE VISION 的轨迹

HINA HOUSE VISION 东京研究会

5年7月7日

日本设计中心

◎中间汇报
王辉｜URBANUS 都市实践创建合伙人、主持建筑师
张永和｜非常建筑主持建筑师
王昀｜方体空间工作室主持建筑师
梁井宇｜场域建筑（北京）工作室主持建筑师
周燕珉｜清华大学建筑学院教授

中国企业
刘斥｜海尔家居总经理

日本企业
小内克彦｜东芝集团代表
水野治幸｜骊住株式会社
石井利明｜Meltin MMI代表
村松伸｜综合地球学研究所教授
末光弘和｜SUEP 主持建筑师

◎总结
原研哉｜HOUSE VISION 发起人、总策展人
土谷贞雄｜HOUSE VISION 亚洲负责人

次论坛

5年9月24日

京中华世纪坛小剧场

◎演讲嘉宾
原研哉｜HOUSE VISION 发起人、总策展人（视频）
土谷贞雄｜HOUSE VISION 亚洲负责人
张永和｜非常建筑主持建筑师、CHINA HOUSE VISION 理想家执委
顾伟｜CHINA HOUSE VISION 理想家执委
付志强｜万科集团上海区域副总经理

◎对话嘉宾
陈炜｜爱空间创始人、CEO
范小冲｜阳光100置业集团副总裁
Paolo di Croce｜国际慢食协会秘书长
贾伟｜洛可可创始人
John van de Water｜NEXT Architects 事务所合伙人
王辉｜URBANUS 都市实践创建合伙人、主持建筑师
梁井宇｜场域建筑（北京）工作室主持建筑师
华黎｜TAO 创始人及主持建筑师
胡如珊｜如恩设计研究室创始合伙人
史建｜建筑评论家、策展人、有方合伙人

◎主持
孙群｜CHINA HOUSE VISION 理想家执委
王昀｜方体空间工作室主持建筑师

HINA HOUSE VISION 研究会

15年11月25日

京建筑大学

◎中间汇报
张永和｜非常建筑主持设计师
王昀｜方体空间工作室主持建筑师
蒋晓飞｜NEXT 建筑事务所建筑师
华黎｜TAO 创始人及主持建筑师
张轲｜标准营造建筑事务所合伙人
早野洋介｜MAD 建筑事务所合伙人

董灏｜Cross boundaries 建筑事务所建筑师
莫万莉｜大舍建筑事务所建筑师
王辉｜URBANUS 都市实践创建合伙人、主持建筑师
土谷贞雄｜HOUSE VISION 亚洲负责人

17 CHINA HOUSE VISION 未来居住座谈会

2015年11月25日

北京建筑大学

◎演讲
土谷贞雄｜HOUSE VISION 亚洲负责人
HOUSE 4.0 与产业创新

◎对话嘉宾
张永和＋蒋晓飞＋John van de Water
＋华黎＋张轲＋董灏＋王辉

◎主持
王昀｜方体空间工作室主持建筑师、ADA研究中心主任

18 第4次论坛
CHINA HOUSE VISION 理想家年度总研究会讲座

2016年1月23日

◎简要推介
张轲＋MINI
张雷＋阿那亚
Crossboundaries＋爱空间
华黎＋家具
MAD＋ROCA
梁井宇＋农业"视频"
NEXT Architects＋预制装置＋能量
大舍＋方所
王昀＋人工智能
都市实践＋优家公寓
张永和＋自行车
青山周平＋阳光100
史建
张永和
原研哉
土谷贞雄

19 参展威尼斯建筑双年展中国城市馆

2016年5月26日—9月23日

威尼斯建筑大学特隆宫

◎参展建筑师
张永和｜非常建筑主持建筑师
张轲｜标准营造建筑事务所合伙人
张雷｜张雷联合建筑事务所创始人兼总建筑师
华黎｜TAO 创始人及主持建筑师
王昀｜方体空间工作室主持建筑师
青山周平｜B.L.U.E.建筑事务所主持建筑师
梁井宇｜场域建筑（北京）工作室主持建筑师
Crossboundaries建筑事务所
大舍建筑设计事务所
MAD 建筑事务所
NEXT Architects 事务所
URBANUS 都市实践建筑事务所

◎展览策划
毕月｜威尼斯建筑双年展中国城市馆策展人
Michele Brunello｜DONTSTOP建筑事务所建筑师

从理想到探索——未来与未知的十年

孙群 │ WDW(世界设计周城市网络)国际执委、北京国际设计周组委会办公室副主任
Vittorio SunQun

孙群

2006—2014年任著名建筑杂志ABITARE
中文版出版人。2010年起任北京国际
设计周组委会副主席。2014—2018年代表
北京国际设计周连续三届参与威尼斯
建筑双年展并创办中国城市馆。
2015年当选国际慢食协会大中华区秘书长。
2011年被意大利政府授予
"仁惠之星"总统骑士勋章。

能参与原研哉先生发起的CHINA HOUSE VISION项目是我莫大的荣幸。4年前，在光华路一家的酒吧里，张永和老师第一次给我介绍了HOUSE VISION。他说，这是原研哉先生发起的探索未来居住的研发项目，王石先生也非常喜欢，日本建筑师土谷贞雄一直在努力引入中国，但是他们希望能有个中国机构来牵头主导。张永和老师说："孙群，你来做吧，我们一定帮你！"面对偶像的邀请，保持理性、保持矜持是很难的，何况这是一群偶像：原研哉、张永和、张轲、马岩松、张雷、梁井宇、华黎、柳亦春、青山周平、王昀、董灏……这简直就是一个无法拒绝的邀请。这是一次高水平的国际合作，也是一次复杂的跨文化合作。四年时间，从米兰到东京，从研讨会到威尼斯双年展，从案例研究到书籍出版再到今天大展落成。CHINA HOUSE VISION和它的中文名字一样，实现了从"理想家"到"探索家"的过渡，每一步都着实不易。

2015年，三联书店出版了《CHINA HOUSE VISION理想家：2025》，出乎我们的意料，这本看起来非常专业的书竟然连续加印了5次！我的同事谢丹在统筹这本书的时候问我："讨论十年后的人居、社区，是不是太远了？"我说："不会呀！时间不总是一个抽象的对象，2025就是十年后我们的父母、我们的孩子以及我们自己呀！"未来有很多未知，技术有无限想象，但是回到我们自己的生活，回到我们熟悉的人物和场景，未来只会重复带给我们那几个古老而尖刻的问题：世界真的比十年前更进步了？生活真的比十年前更好了？你自己真的比十年前更优秀了？当答案变得清晰的时候，问题本身也就不那么重要了。

请允许我诚恳地感谢原研哉先生，每一次相处，都能感受到他对人、对事、对时间的珍惜。感谢高焕、谢丹、陈江虹等老同事的辛勤付出，感谢范小冲、陈冬亮、王昱东、姚映佳几位好朋友的鼎力支持，感谢土谷贞雄、松野薰、邓宇的坚持与包容。特别钦佩长城会的郝义先生、庞荻女士，他们这一年来克服了重重困难，让大展梦想成真。

有他们在，"理想"依然重要，"探索"更加值得。

CHINA HOUSE VISION 理想家

理想家：2025

原 研哉———主编
CHINA HOUSE VISION
理想家未来生活联合实验室———策划/构成

生活·读书·新知 三联书店　生活书店出版有限公司

从理想到探索——未来与未知的十年

探索家

文厨 | 长城会创始人兼CEO、高山大学(GASA)创办人、天使投资人
WEN Chu

长城会

长城会 (GWC) 是连接全球创新者平台，现有小米雷军、腾讯马化腾、百度李彦宏、滴滴程维、猎豹移动傅盛等800多名会员，旗下GMIC大会是全球规模最大、最具影响力的科技创新盛会之一。高山大学 (GASA) 是一所以"科学复兴"为使命，以"没有受教，求知探索"为校训，致力于为创业者和企业家培养科学精神的创新型大学。文厨是小鹏汽车、荔枝、笔记侠等公司天使投资人。

"No Education, Only Learning"，没有受教，求知探索。CHINA HOUSE VISION探索家——未来生活大展，最终命名为"探索家"，寓意有二：一是探索我们未来十年的家；二是每一位具有探索精神的人，都是"探索家"。

本次大展以"新重力"为主题，期待以展会为起点，唤起更多对于中国未来居住环境的思考，对于探索将来更理想的生活方式，有宛如"改变重力"般的划时代意义。人的个体行为影响力或许有限，但群星荟聚在一起将绽放超乎想象的能量。"家"是每一个人的起点，也是支撑；社会生活中产生的每一个需求，最终都可以通过改善"家"的体验而有质的提升。"家"不仅关乎居住，也是未来众多产业的原点；对于"家"的思考，就是对于产业未来和产业升级的思考本身。期待这次展会成为十年中国家庭理想居住方式的一次实践性展示。可触摸、可感受的未来，正在此刻。

长城会从会员制网络开始，因应时代的变化不断升级和转化成为现在的全球创新者平台，有一个困扰始终存在——如何让"无形"呈现为"有形"。对于科技而言，无论是大数据、云计算还是AI，无实体化的技术，始终难以触摸。CHINA HOUSE VISION探索家——未来生活大展给予我全新的启示。那些关于未来科技的设想，有没有可能用这样的方式来提前实现？

作为世界小邮差，一个办会十几年的人，我始终在问自己：我到底该办什么样的会？

"会"，不是"人云亦云的会"。

會，是大写繁体字的"會"。

天地人在其中，我看这个大写的"會"，人在上，日即天在下，中间是田，天时地利人和，天地人和谐共生，这样的"會"才是不一样的会，是未来毕生探索的"會"。而本次大展，就是我心目中这样的"會"！

插图鸣谢、展览鸣谢

摄影

Iwan Baan
——095上, 096, 097

原研哉
——027中, 030

Nácasa & Partners Inc.
——012-013, 018-023, 025,
　　037, 038上, 039, 041, 044-045, 049-051, 053, 055, 057,
　　061-063, 066上, 068下, 077-079, 089, 093, 099, 104-105,
　　107-109, 111-115, 119-121, 124-127, 131-133, 135-139,
　　143-145, 147, 150-151, 155-157, 159, 161, 166-167, 170-173

中户川史明（日本设计中心）
——006-011, 014-015, 029, 065, 066下, 092, 162-163（实物拍摄）

日本设计中心原设计研究所
——038下, 189

吕恒中
——033上

关口尚志
——101, 103

Yoshiaki Tsutsui
——024右, 094

安永 KENTAUROS
——122-123

插图

海尔
——044下, 045下

非常建筑事务所
——024左, 033上, 043上

大舍
——050左, 054上

YANG DESIGN
——058上, 067下

小米
——072-073

OPEN建筑事务所
——024中, 028, 033下, 074-075

B.L.U.E.建筑设计事务所
——083右上, 084-085, 086-087下,
　　090-091（插图）, 094中, 100, 102下

长谷川豪建筑设计事务所
——116右上, 117上, 118, 126下, 127下

Crossboundaries
——130

MAD建筑事务所
——094左, 102上, 148

槃达建筑事务所
——153-154, 160上

amana
——027下

imamori mitsuhiko/nature pro./amanaimages
——128左

Nature Picture Library/Nature Production/amanaim
——128右

Mayes / Alamy Stock Photo
5下

会图

一

5-017, 034-035, 042-043, 046-047, 054, 056,
8-059, 066-067, 070-071, 080-083, 086-087,
0-091, 116-117, 128-129, 140-141, 149,
2-153, 160, 164-165, 168-169
算机绘图 (CG制作) 的源文件由各个建筑师提供

总策展人、艺术总监	原研哉
企划协调	土谷贞雄
主办、承办	GWC长城会
企划、设计、制作	日本设计中心原设计研究所、北京大思广告有限公司
参加企业	海尔、阿那亚、远景、小米、华日家居、有住、无印良品、TCL、汉能、MINI
会场设计	隈研吾
会场搭建	京西建设集团有限责任公司
参加商店	中信书店、煮叶 (TEASURE)
摄影	Nacása & Partners Inc.日本设计中心图像制作部
计算机绘图	桥本健一

图书在版编目（CIP）数据

探索家 .3，家的未来 2018 /（日）原研哉，日本
HOUSE VISION 执行委员会编著 . -- 北京：中信出版社，
2018.10
    ISBN 978-7-5086-9509-9

Ⅰ . ①探 ... Ⅱ . ①原 ... ②日 ... Ⅲ . ①建筑设计—作
品集—日本—现代 Ⅳ . ① TU206

中国版本图书馆 CIP 数据核字 (2018) 第 217977 号

探索家 3——家的未来 2018
编　著　[日] 原研哉 日本 HOUSE VISION 执行委员会
出版发行　中信出版集团股份有限公司
　　　　　（北京市朝阳区惠新东街甲 4 号富盛大厦 2 座 邮编 100029 ）
承 印 者：北京雅昌艺术印刷有限公司

开　　本：787mm×1092mm　1/16　　印　张：12　　字　数：185 千字
版　　次：2018 年 10 月第 1 版　　印　次：2018 年 10 月第 1 次印刷
广告经营许可证：京朝工商广字第 8087 号
书　　号：ISBN 978-7-5086-9509-9
定　　价：108.00 元

编排设计　　　原研哉、日本设计中心原设计研究所
文案　　　　　原研哉、日本设计中心

日本HOUSE VISION执行委员会

委员会的主旨是把"家"作为多种产业的交点，希望激发日本产业新的活力。在原研哉的建议下，以土谷贞雄及日本设计中心原设计研究所为核心，HOUSE VISION执行委员会自2010年开始活动，并在日本和中国举办了研讨会。2013年举办了第一场"HOUSE VISION 2013 TOKYO EXHIBITION"展会。2014年"CHINA HOUSE VISION"活动进一步开展，2016年举办第二场"HOUSE VISION 2 2016 TOKYO EXHIBITION"，2018年"CHINA HOUSE VISION 探索家——未来生活大展"在北京成功举办。不仅局限于日本，今后我们将与各个行业的领军企业一起携手，推进项目发展。

日本设计中心原设计研究所
＋北京大思广告有限公司

原设计研究所于1991年成立，是日本设计中心的独立设计部门，由原研哉统一管理。在保留了传统设计事务所功能的同时，还致力于挖掘和推动有社会潜在可能性的设计项目。在HOUSE VISION项目中负责企划、制作以及运营管理。

北京大思广告有限公司是日本设计中心在中国的窗口。在中国开展活动的过程中，负责项目的推进和运营等工作，是项目成功实施的坚实基础。

HOUSE VISION 2018 BEIJING EXHIBITION制作组

总指挥　　　　　原研哉
策划运营总监　　松野薫
宣传制作统筹　　邓宇、杨帆、山口玲子、杨一凡
制作、推进　　　平面设计：韩林峰、刘观如、钟鑫、根本顺代、井上幸惠
　　　　　　　　计算机绘图：桥本健一、渡边雄大
　　　　　　　　出版物设计：关拓弥、西朋子
　　　　　　　　装置设计：佐藤裕之、驹田六花
　　　　　　　　影像制作：细川比吕志、深尾大树
　　　　　　　　网络、应用软件：钟鑫
　　　　　　　　文案：关拓弥、闫丝雨